FADIANCHANG LICIXITONG

XIANCHANG SHIYAN

发电厂励磁系统现场试验

主　编　张俊峰

副主编　盛　超　陈　锐　吴晓宇　朱良合

参　编　张毅超　翁洪杰　孙　闻　罗运松　唐　酿

U0299976

中国电力出版社

CHINA ELECTRIC POWER PRESS

内 容 提 要

发电机励磁系统是电力系统的重要组成部分，从电源侧来讲，励磁系统给发电机转子提供励磁电流，建立旋转磁场和电磁力矩，维持发电机挂网同步运行，是实现发电厂其他能源（如机械能）转化为电能的核心设备；从电网侧来讲，励磁系统具有"小身材，大作用"的特点，消耗较小的励磁电流能量，借助发电机发挥出巨大的电压调节及功率振荡抑制能力，其在改善电力系统静态稳定、动态稳定、暂态稳定、电压稳定、抑制次同步振荡等中发挥着积极重要作用。

本书总结了多年来现场调试及试验经验，以发电机励磁系统的试验项目为目标，介绍了试验的目的、方法、试验结果的判别标准、注意事项，并提供了部分试验接线图和试验数据波形。全书共有五章，主要包括励磁系统在改善与提高电网稳定性方面发挥的作用、励磁系统的种类、励磁系统的组成、励磁系统的模型与参数、励磁系统的静态试验、发电机空负荷状态下的动态试验、发电机并网状态下的动态试验，以及励磁系统涉网试验和调差优化整定试验等。

本书可供发电厂励磁系统设计、试验、运行、检修等专业技术人员使用，并可供从事励磁系统调试和试验的相关工程人员参考。

图书在版编目(CIP)数据

发电厂励磁系统现场试验/张俊峰主编. —北京：中国电力出版社，2016.12（2019.8重印）
ISBN 978-7-5123-9870-2

Ⅰ.①发…　Ⅱ.①张…　Ⅲ.①发电厂-励磁系统-现场试验　Ⅳ.①TM623.3-33

中国版本图书馆 CIP 数据核字（2016）第 243115 号

中国电力出版社出版、发行

（北京市东城区北京站西街 19 号　100005　http://www.cepp.sgcc.com.cn）
三河市航远印刷有限公司印刷
各地新华书店经售

＊

2016 年 12 月第一版　　2019 年 8 月北京第二次印刷
880 毫米×1230 毫米　32 开本　4.875 印张　121 千字
印数 1501—2500 册　　定价 20.00 元

前　言

经统计，我国 2013 年装机容量 12.47 亿 kW，到 2050 年将达到 28 亿 kW 左右，中国电力流向呈现"由北向南，由西向东"的格局，电网的复杂性增加，稳定性问题突出，利用发电机励磁系统改善和提高电网的安全稳定性，被公认为是最经济、最有效的措施之一。

近年来，随着发电机励磁系统模型与参数辨识试验、电力系统稳定器（PSS）整定投运试验、发电机组进相运行试验的开展，以及对发电企业技术监督力度的加大，发电企业对励磁系统的重视程度大大提高，发电企业中从事发电机励磁系统工作的人员也普遍增多，对励磁系统设计、调试、试验、运行、维护和检修方面的知识需求迫切，为此，我们将多年来从事励磁系统设计、调试、试验等方面的经验加以认真归纳和总结，特编写此书。

发电机励磁系统是电力系统的重要组成部分，其模型和参数的准确性对电力系统安全稳定分析计算的结果有着非常重要影响，同时，励磁系统是源网协调的关键设备之一，在电源侧和电网侧均发挥着重要的作用。从电源侧来讲，励磁系统给发电机转子提供励磁电流，建立旋转磁场和电磁力矩，维持发电机挂网同步运行，是实现发电厂其他能源（如机械能）转化为电能的核心设备；从电网侧来讲，励磁系统具有"小身材，大作用"的特点，消耗较小的励磁电流能量，借助发电机发挥出巨大的电压调节及功率振荡抑制能力，其在改善电力系统静态稳定、动态稳定、暂态稳定、电压稳定、抑制次同步振荡等中发挥着积极重要作用。

本书主要介绍了励磁系统在改善与提高电网稳定性方面发挥的作用、励磁系统的种类、励磁系统的组成、励磁系统的模型与参数、励磁系统的静态试验、发电机空负荷状态下的动态试验、发电机并网状态下的动态试验，以及励磁系统涉网试验等。本书以发电机励磁系统的试验项目为目标，除了标准及技术监督要求的试验内容外，增加了发电机调差系数优化整定试验的内容。该书力求理论与试验相结合，注重实用性，希望能够对我国发电机励磁系统技术的发展与推广贡献一分力量。

在本书的编写过程中，编者在技术交流和资料整理方面获得了国内外专业学者和同行的大力支持，在此表示衷心的感谢。限于编者学识有限、时间仓促，书中难免存在不足之处，恳请广大读者批评指正，不吝赐教。

编 者
2016 年 8 月

目　录

第 **1** 章

励 磁 系 统 简 介

励磁系统是什么？励磁系统作为发电机的关键控制系统，其设计目标是给发电机转子提供励磁电流，建立旋转磁场和电磁力矩，维持发电机的同步运行。从广义上讲，励磁系统包括励磁调节器和发电机，如果把并网运行的每一台发电机看作一个独立的电源的话，那么励磁系统就相当于这每一个电源的电池芯。因此，对于交流同步电网来讲，励磁系统在电网中的作用非常关键，励磁系统的任何异常、故障等不稳定问题将直接引发电网的不稳定问题，励磁系统和电网的关系密不可分。

1.1 励磁系统的作用

励磁系统是发电机的关键控制系统，同时也是网源协调的关键设备之一，在电力系统中的作用主要体现在以下几个方面：

（1）维持发电机机端电压恒定；

（2）调节并联运行发电机间的无功功率分配；

（3）提高电力系统的静态稳定性；

（4）提高电力系统的暂态稳定性；

（5）提高电力系统的动态稳定性；

（6）提高电力系统的电压稳定性；

（7）抑制电力系统的次同步振荡。

励磁系统在电力系统中的作用概括起来是"小身材，大作用"，其对电网安全稳定的贡献是通过控制发电机来实现的，因此，从广义上讲，励磁系统包括励磁调节器和发电机。励磁系统在控制发电机，并充分发挥发电机能力的同时也不应超出发电机的合理运行范围，以确保设备的安全与长期稳定运行，所以，励磁系统还包含相应的限制和保护功能。

1.1.1 维持发电机机端电压恒定

在发电机正常运行条件下，励磁系统应维持发电机机端电压（或指定控制点电压）在给定水平，励磁调节器采用恒电压闭环控制方式。通常当发电机负荷变化时，发电机机端电压将随之变化，这时，励磁系统将自动地增加或减少发电机的励磁电流，使机端电压维持在给定值附近，并保证一定的调压精度。在自动励磁调节时，发电机空负荷电压能在额定电压的 70%～110% 范围内稳定平滑地调节；在手动励磁调节时，上限不低于发电机额定磁场电流的 110%，下限不高于发电机空负荷磁场电流的 20%（对应发电机空负荷额定电压的约 20%）。当机组甩负荷时，通过励磁系统的快速调节作用，应限制机端电压不大于甩负荷前机端电压的 1.15 倍，振荡不超过 3 次。

维持发电机机端电压（或指定控制点电压）在给定水平上是励磁控制系统最基本和最重要的作用。我国相关标准规定：自动电压调节器应保证同步发电机机端电压静差率小于 1%，对应励磁系统的稳态增益应不小于 200 倍；在发电机空负荷运行情况下，频率每变化 1%，发电机机端电压的变化应不大于额定值的 ±0.25%；发电机空负荷运行时，自动励磁调节的调压速度应不大于发电机额定电压的 1%/s，不小于发电机额定电压的 0.3%/s。

1.1.2 调节并联运行发电机间的无功功率分配

多台发电机在母线上并联运行时，它们输出的有功功率取决于从原动机输入的机械功率，而发电机输出的无功功率则和励磁电流有关，控制并联运行的发电机之间无功功率分配是励磁控制系统的一项重要功能。各并联发电机间承担的无功功率的大小取决于各发

电机的调差特性，即发电机机端电压 U_t 和无功电流 I_Q 的关系。定义调差系数

$$\delta = -\frac{\Delta U_{t*}}{\Delta I_{Q*}} \tag{1-1}$$

式中　ΔU_{t*}——发电机机端电压变化对额定电压之比，$\Delta U_{t*} = \Delta U_t / U_{tN}$；

　　　ΔI_{Q*}——无功电流变化对额定电流之比，$\Delta I_{Q*} = \Delta I_Q / I_N$。

　　当母线电压发生波动时，发电机无功电流的增量与电压偏差成正比，与调差系数成反比。通常我们希望多台发电机之间的无功电流按照机组容量的大小成比例地进行分配，即大容量机组担负的无功增量应大些，小容量机组担负的无功增量相应小些，这样就可使得各机组无功增量的标幺值 ΔI_{Q*} 相等。采用自动调节器对调差系数进行调节，就可以达到机组间无功负荷合理分配的目的。

　　为不失一般性，几台机组并联运行（指机端直接相连，共用升压变压器，为扩大单元接线方式，下同）时，调节任何一台机组的励磁电流，不仅会改变该台机组的无功功率输出，而且会影响并联运行的其他发电机的无功功率，而各台机组的无功功率的具体变化情况则与机组本身的调差特性相关。

　　多台不具有有差调节特性的机组是不能直接并联运行的，因为它们间的无功分配不稳定。以下分析一台无差调节特性机组与几台有差调节特性机组之间并联运行情况和几台有差调节特性机组之间并联运行情况。

　　（1）一台无差调节特性机组与一台正调差特性机组并联运行。当一台具有无差调节特性的机组（$\delta=0$）和一台具有正调差特性的机组（$\delta>0$）直接并联运行在公共母线时，母线电压必须等于无差调节特性机组的机端电压，并保持不变。当无功负荷改变时，正调差特性机组的无功电流维持不变，而无差调节特性机组的无功电流将随之改变。由此可见，一台无差调节特性机组与正调差特性机组

并联运行时，系统的无功增量将全部由无差调节特性机组承担，导致无功功率分配不合理，故这种并联运行方式基本上不采用。

（2）一台无差调节特性机组与一台负调差特性机组并联运行。如果与无差调节特性机组（$\delta=0$）一起直接并联运行在公共母线上的是负调差特性机组（$\delta<0$），这时候尽管两台机组也有确定的公共运行交点，但它是一个不稳定运行点。例如，当偶然因素使负调差特性的机组输出的无功电流增加时，根据调节特性，励磁控制器将调节励磁功率单元增大励磁电流，力图使机端电压升高，从而导致发电机输出无功功率进一步增加。而无差调节特性的机组则力图维持机端电压，使其励磁电流减小，无功电流也将减小。从而形成了一台机组无功输出一直增加，另一台机组无功输出一直减小，最终导致无法稳定运行。同样的道理，一台负调差特性机组与一台正调差特性机组也不能直接并联在公共母线上稳定运行。总之，具有负调差特性的机组不能参与机端直接并联运行。

（3）两台正调差特性机组并联运行。当两台都具有正调差特性的机组并联运行时，如果出现无功负荷增加，导致母线电压下降，根据调差系数的定义，两台机组分别承担的无功电流变化为

$$\begin{cases} \Delta I_{Q1} = \dfrac{-\Delta U_*}{\delta_1} \\ \Delta I_{Q2} = \dfrac{-\Delta U_*}{\delta_2} \end{cases} \qquad (1\text{-}2)$$

因此，当两台正调差调节特性机组并联运行，当无功负荷扰动时（或母线电压扰动），机组之间的无功分配与其调差系数的大小成反比，调差系数小的机组分配到的无功多，而调差系数大的机组分配到的无功少；如果要求无功负荷的变化量按各机组的容量分配，则每台机组的调差系数必须相等。该结论同样适用于多台机组并联运行的方式。

需要说明的是，目前的大机组普遍采用单元接线方式，即一台

发电机配一台主变压器作为一个发电单元，多个发电单元在主变压器高压侧并联运行，并联点在电厂的升压站母线处汇集，此时，每一个发电单元对应一个总调差，一个发电单元的总调差＝发电机调差＋主变压器短路电抗。依然可以通过设定励磁系统的调差来改变一个发电单元的总调差，达到合理安排并联机组间无功分配的目的。

1.1.3 提高电力系统的静态稳定性

所谓电力系统的静态稳定性，一般是指电力系统在运行中受到微小扰动后，独立地恢复到它原来的运行状态的能力。电力系统的静态稳定性实质是运行点的稳定性。

对于图 1-1 所示的单机-无穷大母线系统，不考虑凸极效应和定子电阻。发电机送出的有功功率 P 可用以下公式表示

$$P = \frac{E_q U_s}{X_d + X_T + X_L} \sin\delta \tag{1-3}$$

式中　δ——E_q 与 U_s 间的电角度差，即功率角，简称功角；

X_d——发电机同步电抗；

X_T——变压器短路电抗；

X_L——线路电抗；

E_q——发电机空负荷电动势（励磁电动势）；

U_s——无穷大母线电压。

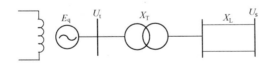

图 1-1　单机-无穷大母线系统

在发电机不进行励磁调节，即 $E_q = E_{q0}$ 不变的条件下，极限功角为 $\delta = 90°$，也就是常说的 90°功角静稳极限。

当有自动电压调节器，功角 δ 增加、U_t 下降时，励磁调节器将

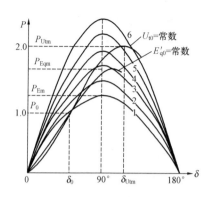

图 1-2　自动励磁调节器对

功率特性的影响

1—$E_{q0}=100\%$；2—$E_q=120\%$；

3—$E_q=140\%$；4—$E_q=160\%$；

5—$E_q=180\%$；6—$E_q=200\%$

增大励磁电流，使发电机电势 E_q 增大，指导机端电压恢复到（或接近）整定值 U_{ref} 为止。由式（1-3）可以看出，励磁调节器使 E_q 随功角 δ 的增大而增大，故功率特性与功角 δ 不再是正弦关系了。为了定性分析调节器对功角特性的影响，我们用不同的 E_q 值作出一组正弦功率特性曲线，它们的幅值与 E_q 成正比，如图 1-2 所示。当发电机由某一给定的运行条件（对应 P_0、δ_0、E_{q0}、U_{t0} 等）开始增加输送功率时，若调节器能保持 $U_t = U_{t0} = $ 常数，则随着 δ 增大，电势 E_q 也增大，发电机的工作点将从 E_q 较小的正弦曲线过渡到 E_q 较大的正弦曲线上。于是可以得到一条保持 $U_t = U_{t0} = $ 常数的功率特性曲线。

我们看到，它在 $\delta > 90°$ 的某一范围内，仍然具有上升的性质。这是因为在 $\delta > 90°$ 附近，当 δ 增大时，E_q 的增大量要超过 $\sin\delta$ 的减小量。同时，保持 $U_t = U_{t0} = $ 常数的功率极限 P_{Utm} 也比无励磁调节器时的 P_{Eqm} 大得多，功率极限对应的功角 δ_{Utm} 也将大于 $90°$。还应指出，当发电机从给定的初始运行条件减小输送功率时，随着功角的减小，为保持 $U_t = U_{t0}$ 不变，励磁调节器将减小 E_q，因此发电机的工作点将向 E_q 较小的正弦曲线过渡。

实际上，一般的励磁调节器并不能完全保持 U_t 不变（如串联 PID 控制），因而 U_t 将随着功率 P 及功角 δ 的增大而有所下降，但 E_q 将随着 P 及 δ 的增大而增大。在实际计算中，可以根据调节器的性能，认为它能保持发电机内某一电势（如 E_q'、E' 等）为恒定值，并以此作为计算功率特性的条件，$E'_q=E'_{q0}=$常数的功率特性曲线介于U_t保持不变和E_q不变的功率特性之间，如图1-2所示。

综上所述，励磁调节器采用恒电压闭环控制方式运行时，极限功角可以超过90°，扩大了系统稳定运行的范围，功率极限值P_{max}也得到了提高，对提高电力系统的静态稳定水平效果明显。

1.1.4 提高电力系统的暂态稳定性

电力系统的暂态稳定性是指系统遭受到大干扰（如短路、断线等）时，能否维持同步运行的能力。电力系统在发生短路故障时，发电机电压下降，发出的有功功率减少，机械功率和有功功率之差——加速功率增加，引起发电机功角增加。如果发电机的功角加速面积大于减速面积则发生失步，称失去暂态稳定。

励磁系统对于提高暂态稳定性而言，表现在强行励磁和快速励磁的作用上。励磁系统及时提供强励，可以增加有功功率的输出，减少加速功率，从而减少发电机功角的增加量。按照等面积原则，如强励后的减速面积大于加速面积，则功角在达到某最大值后减少，不至于发生第一摆失去稳定。强励倍数越大，强励上升的速度越快，发电机功角增加越小，越容易达到新的稳定工作点。

只有励磁电压上升快速并且顶值电压高的励磁系统对改善暂态稳定性才有较显著的作用。由于提高励磁系统的强励倍数受到励磁系统和发电机制造成本的制约，以及发电机转子时间常数很大使励磁电流上升速率受到限制等原因，使得靠励磁控制来提高暂稳极限的幅度不可能像提高静稳极限那么显著，但其提高暂稳极限的效果还是明显的，良好的励磁控制在增加人工阻尼，消除第二摆或多摆失步方面的作用则更为重要。

火电机组一般为隐极机，发电机转子本身就是很好的阻尼绕组，平均异步功率较大，可以短时异步运行，具备达到再同步的条件。而对于水电机组（凸极机）来讲，由于其没有阻尼绕组，一旦异步运行，平均异步功率较小，基本无法满足再同步的条件，因

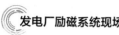

此，一般不要求水电机组异步运行。为了防止水电机组失磁而引发失步，水电机组均要求配置最小励磁电流限制，这也是一种提高水电机组暂态稳定性的保护措施。

1.1.5　提高电力系统的动态稳定性

动态稳定性是指电力系统在小扰动下保持同步的能力。发电机小扰动下保持同步的能力由发电机的同步力矩和阻尼力矩决定，受电力系统结构和发电机工况影响，与励磁系统有关。

电力系统的动态稳定问题，可以理解为电力系统机电振荡的阻尼问题。当阻尼为正时，动态是稳定的；阻尼为负时，动态是不稳定的；阻尼为零时，是临界状态。零阻尼或很小的正阻尼都是电力系统运行中的不安全因素，应采取措施提高系统的阻尼特性，即动态响应特性。

研究表明，按电压偏差调节的比例式快速励磁系统会造成电力系统机电振荡阻尼变弱（甚至变负）。在一定的运行方式和励磁系统参数下，快速励磁调节系统的电压调节作用，在维持发电机电压恒定的同时，将产生负的阻尼作用，当系统总阻尼为负时，就容易导致低频振荡的发生。

目前解决这一问题的方法是，在励磁调节器上附加一个补偿环节，称为电力系统稳定器（Power System Stabilizer，PSS），PSS可以大大提高发电机组的正阻尼，为电力系统提供抑制低频振荡的正阻尼，提高电力系统的动态稳定性，这也是目前抑制系统低频振荡、提高电力系统动态稳定性最直接、最经济、最有效的措施。

此外，采用现代控制理论的励磁控制器，如线性最优励磁控制器、自适应励磁控制器等励磁系统，也能有效地抑制低频振荡。

1.1.6　提高电力系统的电压稳定性

电压稳定性表征电力系统在给定的初始条件下，受到扰动后维持所有母线的电压的能力。它产生的原因是负荷需求与系统可提供的总量出现了不平衡。电压不稳定的表现主要是电压持续下降（也可能上升），故又称电压崩溃。

电网的电压稳定问题主要体现在电网的无功支撑不足，发电机作为电网的重要无功支撑电源，如何挖掘其动态无功支撑能力，对系统电压稳定有着重要意义。目前，发电机组以单元接线方式（即一台发电机配一台主变压器）为主，单个发电单元的总调差＝发电机调差＋主变压器短路电抗，励磁系统普遍采用恒电压运行方式，发电机调差可等效为发电机内部电抗，如果设定其为负调差，则等效发电机内部电抗为负值，如此一来发电机与系统的联系电抗将减小，发电机对系统电压跌落的感知变得更加灵敏，因此对系统动态无功支撑力度将大大加强。

最新的标准 GB/T 7409 和 DL/T 843 均扩大了励磁系统调差的整定范围，从原来的±10％修改为±15％。例如，标准 DL/T 843—2010 的要求为"发电机电压的调差采用无功调差，无功电流补偿率的整定范围应不小于±15％，整定可以是连续的，也可以在全程内均匀分档，分档不大于1％"。

发电机组开展进相运行试验，利用发电机的能力，吸收电网在节假日期间的线路的过剩无功功率，缓解电网节假日期间系统电压过高的问题，这也是提高系统电压稳定的有力措施。

1.1.7　抑制电力系统的次同步振荡

美国 Mohave 电厂在 1790 年 12 月和 1971 年 10 月，由于线路串联电容器先后引发了两次严重的机组轴系振荡并造成发电机大轴损坏，研究发现为"轴系扭转振荡（torsional oscillation）"现象，也就是电气系统的 LC 谐振激发发电机轴系扭转振荡，振荡频率低于工频，被称为次同步谐振（Subsynchronous Resonance，SSR）。

1977 年，在美国 Square Butte 电厂投入高压直流输电（High Voltage Direct Current Transmission，HVDC）线路时，汽轮发电机组轴系发生了强烈的扭振，当把附近的串联电容器切除后，扭振现象仍然存在，说明这是由 HVDC 引发的。进一步研究发现

HVDC、SVC、PSS 等快速功率调节装置都有可能激发扭振，这种振荡由于不存在谐振电路，因此不再属于次同步谐振，而被统一称为次同步振荡（Subsynchronous Oscillation，SSO）。

在发电机组的励磁系统上增加附加励磁阻尼控制器（Supplementary Excitation Damping Controller，SEDC）可以很好地抑制机组的次同步振荡，对于抑制由串联电容引发的次同步谐振，及抑制由高压直流输电引起的次同步振荡，在工程上国内外均有成功应用案例。附加励磁阻尼控制器叠加在现有的励磁调节器上，让励磁调节器产生一个与发电机转子振荡信号一致的电压分量，在定子中产生次同步电流，形成电磁阻尼转矩，从而抑制次同步振荡。SEDC 的特点是：体积小，只有一面保护屏那么大，借用励磁调节器的功率单元放大其控制信号，可以与其他电气保护屏或励磁屏一起放置；与发电机保护、线路保护等相互独立，互不影响；投资少。

1.2　励磁系统的种类

同步电机励磁系统的分类方法有多种，主要以下面两种分类方法为主，即按同步电机励磁电压响应速度和同步电机励磁电源的提供方式分类。

按同步电机励磁电压响应速度的不同，同步电机励磁系统可以分为常规励磁系统、快速励磁系统。

常规励磁系统指不带反馈的励磁机励磁系统。它们的等效时间常数通常大于 0.6s，主要是励磁机的时间常数 T_E。

快速励磁系统（包括高起始励磁系统），是指励磁系统电压响应时间小于 0.1s 的励磁系统。快速励磁系统主要有自并励静止励磁系统、自复励静止励磁系统和交流励磁机可控整流励磁系统。高起始励磁系统指采用高励磁机励磁电压缩短强励上升时间的交流励磁机励磁系统。有些带反馈的交流励磁机励磁系统和无刷励磁系统虽然比快速励磁系统慢，但是仍然远比常规励磁系统快，当招标时也会作为准快速励磁系统而许可投标。

按照励磁电源来自发电机本身还是其他，同步电机励磁系统分为自励励磁系统和他励励磁系统。自励励磁系统有自并励静止励磁系统、自复励静止励磁系统；他励励磁系统有交流励磁机励磁系统和直流励磁机励磁系统。

1.2.1　自并励静止励磁系统

自并励励磁方式是自励系统中接线最简单、造价最低廉的一种励磁方式，其典型接线如图 1-3 所示。自并励励磁方式只用一台接在发电机机端的励磁变压器作为励磁电源，通过晶闸管整流装置直接控制发电机的励磁。

1. 自并励静止励磁系统的技术问题

（1）自并励静止励磁系统的强励能力。发电机近端短路时，由于机端电压大幅下降，自并励静止励磁系统能否满足强励要求，保证机组不会失磁，这是在自并励技术的发展过程中曾出现的疑虑。由于现代大型同步发电机大多采用单元式接线，而且发电机出口到主变压器之间采用全封闭的封母连接，杜绝了发电机机端三相短路的发生，而机端三

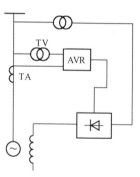

图 1-3　自并励励磁
系统原理图

相短路在差动保护范围内，这时不对发电机进行强励，对保护发电机有利。对于占电力系统短路故障 90% 以上的不对称短路来说，合理的设计可以使短路时自并励励磁系统仍有足够的强励能力。唯一问题便是同样很少发生的升压变压器高压侧三相短路，当此故障发生时，自并励励磁系统仍可具备一定的强励能力（采用高强励的倍数），因这时发电机机端为 30%～40% 的额定电压。

研究表明，当升压变压器高压侧三相短路时，若不对发电机强励，一方面会使电力系统的暂态稳定极限下降 1‰～3‰，另一方面会使发电机后备保护的灵敏度不够。对于前一问题，考虑到三相短路发生的概率很小而且稳定极限下降不多，通常都认为影响不大。对于后一问题，通常采用更换发电机后备保护的方法来解决。

（2）自并励静止励磁系统给继电保护带来的问题。当发电机近端发生三相短路时，自并励静止励磁系统的强励能力将显著降低，在某些情况下不能使发电机的短路电流维持在使过电流保护动作的水平，带时限的继电保护可能会拒绝动作。为使保护可靠动作，以便将故障点或机组由系统中切除，保护装置应采取相应措施。

对于大中容量机组，由于其励磁绕组时间常数较大，励磁电流要在短路 0.5s 后才显著衰减，因此，在短路开始的 0.5s 内，自并励励磁方式与他励励磁方式的励磁电流是很接近的，只是在短路 0.5s 后，才有明显差异。考虑到高压电网中重要设备的主保护动作时间都在 0.1s 内，且都设双重保护，主保护可靠动作是没有问题的。但对于大于 0.5s 的后备保护，则不一定能保证其可靠动作，可将低压闭锁过电流保护换成带过电流记忆式或低阻抗保护的形式。

（3）关于起励。自并励静止励磁系统的机组启动时，发电机的机端电压是残压，其值一般较低，为额定电压的 1‰～2‰。这样，励磁回路不能满足自激条件，发电机得不到建立电压所需的励磁电流。为此，必须供给发电机初始励磁，即所谓起励。起励电源一般取自直流蓄电池组或交流厂用电加整流器。

2. 自并励静止励磁系统的优点

（1）运行可靠性高。自并励静止励磁系统与交流励磁机励磁系统相比，它没有旋转部件，运行可靠性高。随着电力电子技术的发展，近年来大功率可控整流装置的可靠性已与不可控整流装置相当，国内外统计资料表明，自并励静止励磁系统造成发电机强迫停机率（F. C. R）低于交流励磁机励磁系统。

（2）能改善发电机组轴系稳定性。自并励静止励磁系统可缩短发电机组的轴系长度，减少轴承数量。例如，300MW 的汽轮发电机的轴系长度可减少大约 3m，因而可提高轴系的稳定性，改善轴系振动，提高了机组的安全运行水平。

（3）可提高电力系统稳定水平。在小干扰稳定方面，自并励静止励磁系统配置电力系统稳定器（PSS）后，小干扰稳定水平较交流励磁机励磁系统有明显提高；在大干扰稳定方面，研究表明，自并励静止励磁系统的暂态稳定水平与交流励磁机励磁系统相近或略有提高。

（4）经济性好。自并励静止励磁系统造价低，由于缩短了轴系长度，因而可减少厂房和基础造价；调整容易，维护简单，故障后修复时间短，因而可提高发电效益。

目前，自并励方式基本是电网主流励磁接线方式，很多国内外公司也把这种方式列为大型机组的定型励磁方式。我国很多电厂在发电机组励磁系统的改造中，也大多选用了自并励方式。

1. 2. 2 交流励磁机励磁系统

交流励磁机指的是在常规三机励磁系统中的主励磁机，未做特殊说明的情况下，交流励磁机指的就是主励磁机。

根据是否有副励磁机、可控整流装置在发电机转子侧还是在励磁机励磁绕组侧，有无滑环炭刷、有没有励磁变等，交流励磁机方式有许多组合，常见的有以下几种。

1. 带副励磁机的交流励磁机静止不可控整流方式

图 1-4 为带副励磁机的交流励磁机静止不可控整流励磁系统的原理接线图。发电机 GS 的励磁电流由交流励磁机 G1 经二极管整流装置 U_1 整流后通过滑环引入，交流励磁机的励磁电流则由交流副励磁机 G2 经可控整流装置 U_2 整流后供给。自动励磁调节器 AVR 随运行工况的变化而改变 U_2 的输出电压，以改变交流励磁机的励磁电流和

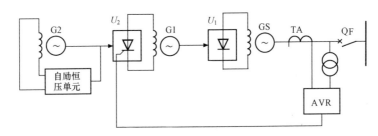

图 1-4 带副励磁机的交流励磁机静止不可控整流励磁系统的原理接线图

机端电压,从而起到调节发电机 GS 励磁电流的作用。

为了减小励磁电流的纹波系数和励磁绕组的电感及时间常数,以加快调节速度,交流励磁机的频率一般采用 100Hz,交流副励磁机则采用 400~500Hz 的中频。

交流副励磁机 G2 通常采用自励恒压方式,工作时先借外部电源起励,建立起一定电压后再由自励恒压装置保持其机端电压恒定。G2 也可采用永磁发电机,从而简化其结构。永磁发电机的缺点是功率不能很大,且转速或负载变化时无法调节输出电压。

这种励磁系统的调节速度较慢,这是因为调节发电机的励磁电流要通过调节交流励磁机的励磁电流来实现。由于高转速大容量交流励磁机易于制造,且有较丰富的运行经验,故这种励磁系统在20 世纪 80 年代前后在大型汽轮机上得到了广泛应用。

2. 带副励磁机的交流励磁机静止可控整流方式

带副励磁机的交流励磁机静止可控整流励磁系统的原理接线图如图 1-5 所示。图 1-5 与图 1-4 的区别在于励磁调节器的作用位置不同,图 1-5 中的励磁调节器直接作用于发电机的励磁绕组,因此其响应速度快,属于快速励磁系统。

3. 不带副励磁机的交流励磁机静止可控整流方式

不带副励磁机的交流励磁机静止可控整流励磁系统的原理接线图如图 1-6 所示。这种励磁不需要副励磁机,交流励磁机的励磁电源来自主励磁机电枢绕组。

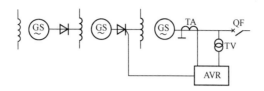

图 1-5　带副励磁机的交流励磁机静止可控整流
励磁系统的原理接线图

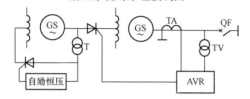

图 1-6　不带副励磁机的交流励磁机静止可控
整流励磁系统的原理接线图

4. 带副励磁机的交流励磁机旋转不控整流方式

带副励磁机的交流励磁机旋转不控整流励磁系统的原理接线图如图 1-7 所示。励磁机采用旋转电枢式三相（或多相）同步发电机，即励磁机的电枢绕组是旋转的，而它的励磁绕组则是静止的。旋转电枢输出的多相交流电直接与装在与主轴一同旋转的半导体整流器相连，经旋转整流器进行交直流变换后，直接供给主发电机转子的励磁绕组。因为这种励磁系统的交流励磁机的三相交流绕组、

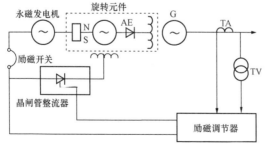

图 1-7　带副励磁机的交流励磁机旋转不控整流
励磁系统的原理接线图

整流装置、发电机磁场绕组都在同一旋转轴上，相对静止，故不再需要滑环和炭刷，所以又称为无刷励磁方式。最早的无刷励磁方式在 1950 年问世，1960 年开始用于大机组。

无刷励磁方式有以下优点：

（1）没有滑环和炭刷，不需要进行这方面的维护工作，也没有了这方面的故障，运行的可靠性提高了。

（2）结构紧凑，占地面积小，成本低。

（3）因为没有炭粉和铜末引起发电机绕组污染，故绝缘的寿命较长。

（4）由于无滑环、炭刷，所以即使周围环境中有易燃气体存在，也不会因整流子、滑环和炭刷间产生火花而造成事故。因此，该方式适于在条件较恶劣的环境中运行。

应当指出，无刷励磁系统取消了滑环和炭刷后也带来了一些新问题，包括对半导体元件的可靠性要求高，无法直接测量转子电流、电压及温度，必须采用间接的特殊测量手段等。同时，由于无刷励磁系统不可能采用常规的灭磁方法（即在发电机励磁回路设置灭磁开关和灭磁电阻），所以快速灭磁一直未能得到很好的解决。

5. 不带副励磁机的交流励磁机旋转不控整流方式

不带副励磁机的交流励磁机旋转不控整流励磁系统的原理接线图如图 1-8 所示。交流励磁机的励磁电源取至发电机的机端，用一

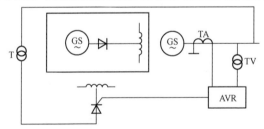

图 1-8　不带副励磁机的交流励磁机旋转
不控整流励磁系统的原理接线图

台励磁变压器 T 获得，这种励磁方式和自并励静止励磁系统类似，启动时需要外部起励电源。

不带副励磁机的交流励磁机旋转不控整流方式在 1000MW 及以上的火电机组上应用广泛，新建核电机组绝大部分都采用这种励磁方式。

1.2.3　自复励静止励磁系统

自复励励磁系统由于由发电机定子电流作为励磁功率电源，故在电力系统受扰动时可使机组有较高的同步转矩，并且在系统短路（特别是发电机出口端短路）时有较好的强励能力，从而有利于改善系统的暂态稳定性。但这种励磁方式需要变流器，鉴于变流器在制造技术、电厂布置、运行维护、可靠性及造价等方面的因素，随着励磁技术的进步，自复励励磁方式在大型机组上已很少采用。

按照机端电压量和电流量叠加方式的不同，自复励静止励磁系统又分为直流侧并联、直流侧串联、交流侧串联、交流侧并联的自复励静止励磁系统。

自复励静止励磁系统在电网中的小机组上仍有使用，例如，在联合循环燃气轮机中容量较小的汽轮机上使用。

1.2.4　直流励磁机励磁系统

直流励磁机励磁系统是指励磁电流通常由与发电机组同轴的直流发电机供给，在电力系统发展初期，用于小容量的同步发电机。随着发电机容量的提高，所需励磁电流也随之增大，而直流励磁机由于存在机械整流环，功率过大时制造存在困难，因此在大容量的发电机组上很少采用。20 世纪 60 年代初国外开始在中型发电机上采用交流励磁电源加半导体整流器的励磁方式（简称半导体励磁方式），到 60 年代末和 70 年代初，已得到普遍的应用，半导体励磁已成为励磁方式的主流。

直流励磁机的接线方式分为自励方式和他励方式，其接线分别如图 1-9 和图 1-10 所示。

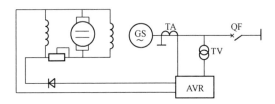

图 1-9　自励方式直流励磁机励磁系统

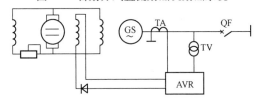

图 1-10　他励方式直流励磁机励磁系统

1.3　励磁系统的组成

发电机励磁系统从建模的角度来讲，由励磁系统功率部分、励磁系统控制部分和保护部分、发电机电压测量和无功电流补偿部分，以及电力系统稳定器（简称 PSS）组成，见图 1-11。

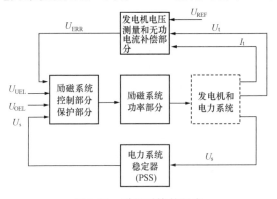

图 1-11　励磁系统的组成

U_t—发电机定子电压；I_t—发电机定子电流；U_{REF}—电压参考值；U_{ERR}—偏差电压；U_{OEL}—过励限制输出；U_{UEL}—低励限制输出；U_s—电力系统稳定器输出；U_{sI}—电力系统稳定器输入

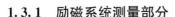

1.3.1 励磁系统测量部分

励磁系统测量部分主要包括发电机的定子电压、定子电流、励磁电压、励磁电流、同步电压、系统电压以及输入、输出状态和控制量等。其中，标准要求发电机定子电压、定子电流测量量均来自两套独立的 TV、TA 信号；自动电压调节器电压测量单元的时间常数小于 30ms；电力系统稳定器测量回路的时间常数应不大于 40ms。

1.3.2 励磁系统功率部分

励磁系统功率部分为多个独立的晶闸管三相整流桥并联运行。要求功率整流装置的均流系数不小于 0.9；功率整流装置的一个桥（或者一个支路）退出运行时应能满足输出顶值电流和 1.1 倍发电机额定磁场电流连续运行的要求。励磁系统功率柜的冷却装置（一般采用风冷）也非常重要，要求风冷功率整流装置风机的电源为双电源，一路取至电厂 380V 厂用母线电源（或者 UPS 电源），一路经过小变压器取至功率柜的阳极交流电源，两路电源一路工作，一路备用，能够自动切换。当功率整流柜的冷却风机故障时，应发出报警信号。励磁系统功率部分可等效为一阶惯性环节，时间常数约为 3ms。

1.3.3 励磁系统电流补偿部分

励磁系统电流补偿部分包括有功电流的补偿环节和无功电流的补偿环节，其中，有功电流的补偿环节基本没有应用，无功电流补偿环节也就是我们经常提到的调差环节。调差可等效为发电机输出无功功率通道的内阻，可正，可负，用来实现多台发电机组并联运行时机组间的无功功率合理分配。

1.3.4 励磁系统控制部分

励磁系统控制部分主要指励磁系统的主控制环及附加控制环。主控制环包括自动方式和手动方式。附加控制环包括恒无功功率闭环、恒功率因数闭环、跟踪系统电压运行等。附加控制环一般采用外环闭环控制方式，其 PID 闭环控制输出量直接叠加到主控制环（如自动方式）的给定值上。

（1）自动方式，指的是励磁系统恒机端电压闭环控制方式，这是励磁系统最核心的控制方式，同时也是对电网稳定最有利的一种控制方式，因此，标准明确要求励磁调节器自动方式的投入率不低于99％。

自动方式运行性能的优劣将直接影响电网的安全稳定，所以，标准对其动态性能指标有严格的要求：对于发电机空负荷阶跃响应特性，自并励静止励磁系统的电压上升时间不大于0.5s，振荡次数不超过3次，调节时间不超过5s，超调量不大于30％；交流励磁机励磁系统的电压上升时间不大于0.6s，振荡次数不超过3次，调节时间不超过10s，超调量不大于40％；发电机负荷阶跃的阻尼比大于0.1，有功功率波动次数不大于5次，调节时间不大于10s。

（2）手动方式，指的是采用恒发电机励磁电流闭环控制方式，对于交流励磁机磁系统，一般选取恒励磁机励磁电流闭环控制方式。手动方式通常作为自动方式故障下的备用方式，以及用于发电机和励磁系统现场试验。

（3）恒无功功率方式，指的是采用恒发电机输出无功功率闭环控制方式，目的是简化运行人员的增、减磁操作，维持发电机输出的无功功率恒定。有两种恒无功功率闭环控制实现方式：一种是连续调节的恒无功功率闭环控制方式，这种方式在电网中低电压、小容量的机组上仍有使用，大容量机组使用该功能会减弱电网的电压稳定性、功角稳定性，不推荐采用；另一种是离散式的恒无功功率调节方式，作为一种外环附加控制功能，它有调节死区、调节速率、单次调节步长等限制，调节主控制环给定值的过程相对缓慢，使得从动态过程来看调节器还是电压闭环调节方式，未改变电压闭环调节的实质，从稳态过程来看调节器是恒无功功率闭环调节。

标准DL/T 843明确指出，大型汽轮发电机励磁调节器不宜采用恒无功功率调节方式和恒功率因数调节方式。

（4）恒功率因数方式，指的是采用恒发电机输出功率因数闭环控制方式，目的是简化运行人员的增、减磁操作，维持发电机输出的功率因数恒定。有两种恒功率因数闭环控制实现方式：一种是连续调节的恒功率因数闭环控制方式，这种方式在电网中低电压、小容量的机组仍有使用，大容量机组使用该功能会减弱电网的电压稳定性、功角稳定性，不推荐使用；另一种是离散式的恒功率因数调节方式，作为一种外环附加控制功能，它有调节死区、调节速率、单次调节步长等限制，调节主控制环给定值的过程相对缓慢，使得从动态过程来看调节器还是电压闭环调节方式，未改变电压闭环调节的实质，从稳态过程来看调节器是恒功率因数闭环调节。

（5）定控制角方式，是励磁系统的一种开环运行方式，此方式需要励磁系统运行在他励方式（对于自并励机组，需要临时更改为他励方式），一般用于发电机空负荷曲线的测量、励磁机的空负荷曲线测量、发电机空负荷时间常数 T'_{do} 的测量等。

（6）跟踪系统电压方式，用于机组开机建压期间，实现发电机电压迅速跟踪系统电压，满足发电机快速同期并网要求。

1.3.5　励磁系统保护部分

励磁系统配有完备的限制及保护功能，对发电机的各种极限运行工况及时做出反应，确保发电机组安全运行。励磁系统的限制和保护是对励磁系统和发电机提供的保护，通过限制或切换通道以尽可能使发电机组维持在运行状态，一方面为电网提供支撑，另一方面即使故障下也可以为运行操作提供监视、判断和操作的时间。

主要的励磁系统限制及保护功能如下：

（1）低励限制和保护。低励限制功能主要用于防止励磁电流过低导致发电机失去静态稳定，或因发电机端部磁通密度过高引起的发电机定子铁芯发热。低励保护是在低励限制失去作用时，将调节器切换到备用通道以维持运行，这个备用通道可以是另一个自动通道，也可以是手动通道。

低励限制与保护的动作值和发电机的运行电压相关。励磁调节器中的低励限制和保护要求与发电机-变压器组保护装置中的失磁保护配合，任何操作或电力系统扰动都应当保证低励限制先于低励保护动作，低励保护先于发电机失磁保护动作，它们之间要留有足够的裕度。

（2）过励限制和保护。过励限制功能用于防止励磁电流过大导致发电机转子绕组过热损坏。过励限制特性与发电机转子过负荷特性配合，具有反时限特性。达到动作值后，励磁系统控制方式由恒电压闭环控制切换到恒电流闭环控制，限制发电机转子电流在小于额定电流的1.1倍的工况下继续运行。

过励保护是在过励限制失去作用时，根据故障判断分析进行动作，或将调节器切到备用通道以维持运行，或直接输出信号触发发电机-变压器组保护进行解列灭磁。

（3）强励限制。强励限制指的是励磁电流的2倍过电流瞬时限制，当励磁电压的顶值电压倍数大于2倍时，限制励磁电流强励倍数不超过2倍。

（4）V/Hz 限制和保护。V/Hz 限制又称为电压/频率比限制。V/Hz 反映了电磁元件的磁通密度，V/Hz 限制功能用于防止主变压器、厂用变压器和发电机因磁通密度过高、励磁电流过大引起的铁芯和绕组发热。V/Hz 限制一般具有反时限特性。V/Hz 限制特性要与变压器和发电机的过励磁限制特性配合，V/Hz 限制先于变压器和发电机的过励磁保护动作。

V/Hz 保护用于在 V/Hz 限制失效时将调节器切换到备用通道以维持运行。

（5）低频保护。低频保护功能用于发电机空负荷方式下、机组转速下降过程，当发电机转速下降到90%时调节器逆变灭磁。已往发生过低转速投励磁调节器造成励磁设备损坏的情况。

（6）TV 断线检测及保护。为了防止 TV 断线导致的励磁系统误强励，励磁系统配备了 TV 断线的检测及保护功能。励磁系统有两套独立的 TV 回路，正确的 TV 断线检测及保护功能的动作情况如下：正常运行情况下，运行通道工作在自动方式，当运行通道检测到 TV 断线时，调节器自动切换到备用通道的自动方式运行，备用通道变为运行通道，如果运行通道再次检测到 TV 断线，而另一通道的 TV 断线没有恢复，则调节器切换到手动方式运行，并发出告警信息。

（7）调节器电源故障保护。为了确保励磁调节器的稳定工作，调节器的工作电源要求采用双重化配置，一路电源取至电厂 380V 厂用母线电源（或者 UPS 电源），一路经过小变压器取至功率柜的阳极交流电源，两路电源一路工作，一路备用，能够自动切换。

（8）功率柜故障保护。励磁系统的功率单元包含多个功率柜并联运行，当其中的功率柜因冷却风机故障、整流元件温度过高、风道温度过高、晶闸管的快熔熔断等原因，导致功率柜两个柜及以上退出运行时，需要限制功率柜的电流。

（9）定子电流限制。定子电流限制是为了防止发电机定子绕组过电流发热。发电机在额定有功功率工况下，深度进相或滞相运行都会导致发电机定子过电流。定子过电流限制具有反时限特性，与发电机定子过电流保护配合。

1.4 励磁系统的模型

励磁系统的模型由励磁系统的控制理论及控制算法决定，随着励磁系统的控制理论发展而变化。励磁系统的控制理论发展简单来讲有以下几个关键过程。

首先从单机系统的分析和设计观点出发，提出了按发电机机端电压偏差进行比例式调节的单输入-单输出的励磁控制方式，即比例调节方式。接着发展到按发电机机端电压偏差的比例-积分-微分调节的 PID 调节方式。为了改善 PID 式励磁控制器在调节精度和稳定性间的矛盾以及在提供人工阻尼方面的不足，美国学者F. D. Demello 和 C. Concordia 采用古典控制理论中的相位补偿原理，于 1969 年提出了电力系统稳定器的辅助励磁控制策略，从而形成了"AVR＋PSS"结构的励磁控制器。随着现代控制理论和实践的发展，研究方法和工具得到了不断的改进。余耀南在 20 世纪70 年代首先提出将最优控制理论应用到电力系统中，提出了线性最优理论的线性最优励磁控制器（LOEC），于 1986 年安装于甘肃碧口水电厂。随后，自适应控制、非线性控制以及智能控制等理论相继被引入励磁控制系统的设计当中，未有实际工程应用。

PID＋PSS 的控制思想由于结构清晰、控制效果优良、控制参数鲁棒性好而被广泛使用，行业标准《同步发电机励磁系统建模导则》也推荐采用 PID＋PSS 的控制模型，从电网安全稳定运行及安全稳定分析计算用模型的角度考虑，各大电网公司也要求电厂的发电机励磁系统采用 PID＋PSS 的控制模型。

由于励磁系统的辅助及限制环节模型相对复杂且种类繁多，未形成相对统一的标准模型体系，因此，我们主要讨论励磁系统的主控制环模型。励磁系统主控制环 PID 模型主要有串联 PID、并联PID、串并联 PID 等主流模型，具体模型介绍如下。

1.4.1　串联 PID 模型

串联 PID 的标准模型如下

$$K_P \times \frac{1+sT_1}{1+sT_2} \times \frac{1+sT_3}{1+sT_4} \tag{1-4}$$

式中　　　K_P——比例增益倍数；

　　　　　s——拉普拉斯算子；

T_1、T_2、T_3、T_4——超前滞后时间常数。

一般情况下，$T_1 < T_2$，第一个超前滞后环节 $\dfrac{1+sT_1}{1+sT_2}$ 等效为积

分控制；$T_3 > T_4$，第二个超前滞后环节 $\dfrac{1+sT_3}{1+sT_4}$ 等效为微分控制。

因此，串联 PID 模型对应的励磁系统增益如下：

稳态增益：K_P；

动态增益：$K_P \times \dfrac{T_1}{T_2}$；

暂态增益：$K_P \times \dfrac{T_1}{T_2} \times \dfrac{T_3}{T_4}$。

采用串联 PID 模型的励磁调节器厂家具有代表性的有 ABB 公司的 UNITROL 系列励磁调节器、南京南瑞继保电气有限公司（简称南瑞继保）的励磁调节器、广州擎天实业有限公司的励磁调节器等，具体模型如图 1-12 和图 1-13 所示。

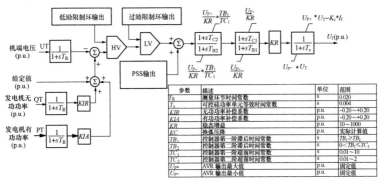

图 1-12　ABB UNITROL 5000 型励磁系统模型

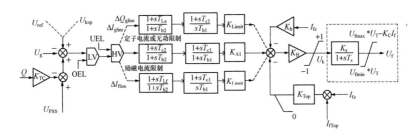

图 1-13　南瑞继保 RCS-9410 励磁调节器传递函数框图

注：如果应用于自并励系统或没有励磁机电流硬反馈，则 K_h 取 0，K_B 取 10；虚线框内为晶闸管整流桥模型，不在 AVR 中，K_s 为顶值电压系数。

1. 4. 2 并联 PID 模型

并联 PID 的标准模型如下

$$K_P + \frac{K_i}{s} + \frac{K_D s}{1 + T_D s} \tag{1-5}$$

式中　　K_P——比例增益倍数；

K_i——积分增益系数；

K_D——微分增益系数；

T_D——微分环节惯性时间常数，用于限制微分环节的高频增益倍数。

由于积分为无差调节，因此，对应的稳态增益为无穷大，在忽略微分环节惯性时间常数 T_D 的影响的情况下（$T_D = 0$），动态、暂态过程的增益表达式如下

$$\sqrt{K_P^2 + (K_D \omega - K_i / \omega)^2} \tag{1-6}$$

其中，$\omega = 2\pi f$，f 为对应动态、暂态频率。

因此，并联 PID 模型对应的励磁系统增益如下：

稳态增益：无穷大；

动态增益：K_P，可简化取比例环节的增益作为动态增益；

暂态增益：$\sqrt{K_P^2 + (K_D \omega - K_i / \omega)^2}$。

采用并联 PID 模型的励磁调节器厂家具有代表性的有 GE 公司的励磁调节器、南瑞电控的励磁调节器、ALSTOM 公司的励磁调节器等，具体模型如图 1-14 和图 1-15 所示。

1. 4. 3 串并联 PID 模型

串并联 PID 模型的组合方式较多，工程应用较多串并联 PID 模型如下

$$K_P \times \frac{sT_1 + 1}{sT_2 + 1} \times \left(1 + \frac{1}{sT_i}\right) \tag{1-7}$$

式中　　K_P——比例增益倍数；

T_i——积分时间常数。

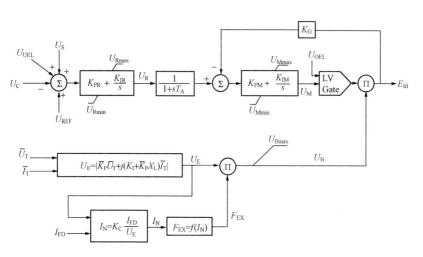

图 1-14　GE 公司 EX2100 型励磁系统模型

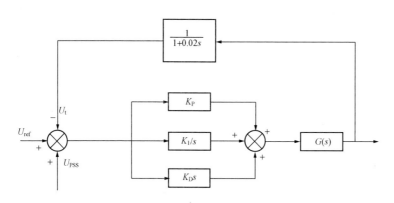

图 1-15　南瑞电控的励磁系统模型

一般情况下，$T_1 > T_2$，超前滞后环节 $\dfrac{1+sT_1}{1+sT_2}$ 等效为微分控制。

因此，串并联 PID 对应的励磁系统增益如下：

稳态增益：无穷大；

动态增益：$\sqrt{K_P^2 + 1/(T_i\omega)^2}$，可简化取 K_P 作为动态增益；

暂态增益：$\dfrac{T_1}{T_2}\times\sqrt{K_P^2+1/(T_i\omega)^2}$，可简化取 $K_P\times\dfrac{T_1}{T_2}$ 作为动态增益。

采用串并联 PID 模型的励磁调节器厂家具有代表性的有 ALSTOM 公司的 P320 型励磁调节器、日本三菱公司的 MEC 5000 型励磁调节器等，具体模型框图如图 1-16 和图 1-17 所示。

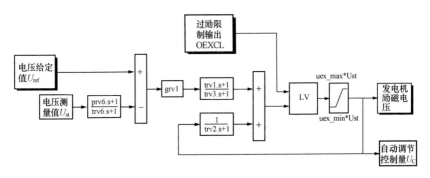

图 1-16　ALSTOM 公司 P320 型励磁系统模型

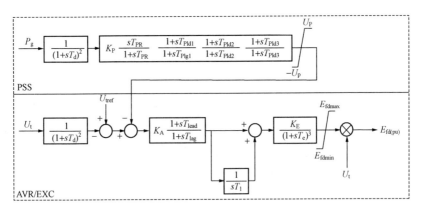

图 1-17　日本三菱公司的 MEC 5000 型励磁系统模型

图 1-16 中，调节器整定运行 PID 参数如下：grv1＝5.3，trv1＝0.43s，trv3＝0.04s，trv2＝5s，prv6＝trv6＝1s，uex_max＝3.193 6，uex_min＝－3.193 6

1.4.4　PSS 模型

电力系统稳定器 PSS 的模型主要有三种：PSS1A 模型、PSS2A/2B 模型、PSS4B 模型。

PSS1A 模型也是较早的 PSS 模型，单输入信号，可选取发电机的电功率 P_e 或发电机的转速 ω 为输入信号，考虑到信号的信噪比，一般取发电机电功率 P_e 为输入信号，具有检测方便、稳定性好等优点，如图 1-18 所示。这种模型的主要缺陷是不能识别原动机功率的变化和系统功率的波动，导致在发电机机械功率进行调整时，"无功反调"现象明显。以单一电功率作为输入信号的 PSS 出现反调现象的原因是，在设计这种 PSS 时假定机械功率恒定，这时电功率的变化就等于加速功率，而当机械功率调整时，机械功率恒定的假设不成立，这时电功率的变化不再是加速功率，用电功率的变化来代替加速功率就会引起反调现象。

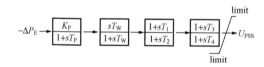

图 1-18　PSS1A 模型

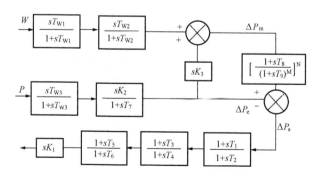

图 1-19　PSS2B 模型

　　PSS2A/2B 模型也称为加速功率型 PSS 模型，其中 PSS2B 模型比 PSS2A 模型多一个超前滞后相位补偿环节，是为解决 PSS1A 模型的反调问题而提出的，双输入信号，一般取发电机的转速 ω （通过数学计算，获取等效发电机转速信号）和电功率 P_e 两个信号为输入信号，是目前应用最广泛的 PSS 模型，如图 1-19 所示。但是，PSS2A/2B 为单分支结构，增益特性随频率升高单调增加，在高频段可能会令轴扭转振荡加剧，而显著弱化低频段的区间振荡抑制作用，往往难以同时兼顾高低频段。另外，PSS2A/2B 的两级隔直环节在 0.2Hz 作用的低频段提供较大的相位领先，限制了稳定器可提供的正阻尼。

　　PSS4B 模型如图 1-20 所示，属于多频段电力系统稳定器（MBPSS）模型，其建立在适应宽频带要求基础上，各个分支为不同频段的低频振荡提供阻尼，各分支的输出信号叠加形成 PSS 总的输出信号。各个分支可以根据需要来设置自己的参数，不同分支的参数整定具有一定的独立性。其最大特点在于将发电机转子

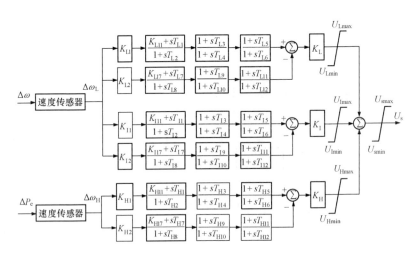

图 1-20　PSS4B 模型

转速、有功功率输入信号，通过信号采集传感器作用，将输入信号分为低频、中频及高频三个频段，它们都可以单独调节增益、相位、输出限幅及滤波器参数，为不同频段低频振荡提供合适的阻尼。

1.5 励磁系统的试验分类

励磁系统试验为设计、制造、安装、交接、检修等提供总体、全面的检验验证，确保发电机励磁系统正常稳定运行。励磁系统标准一般将试验分为型式试验、出厂试验、交接试验和大修试验。

型式试验检查励磁系统是否全面达到设计要求，包括功能、性能、指标、环境条件、数学模型、电力系统各种运行和故障情况下的行为等。型式试验是定型生产的依据。

出厂试验是检查设备是否符合出厂条件，完成标准规定的出厂试验项目及由设备特殊性决定的试验项目。一些项目会在合同中规定为出厂验收项目。

交接试验是在发电厂现场进行的试验项目，对安装后的发电机励磁系统总体的功能、性能、指标进行检查，整定符合现场要求的参数，确认励磁系统模型参数，为发电厂接收该设备提供依据。

大修试验是运行维护范围内的试验，也称预防性试验和定期试验。大修试验对一般性功能以及更改和消除缺陷的部分进行检查。一些实际运行期间未表现，但是有可能在非正常运行时表现的励磁系统功能和参数也需要在大修试验时进行检查。大修试验可为设备由检修移交运行提供依据。

国家标准和行业标准规定的励磁系统试验项目如表1-1所示。标准提出了一般性的试验项目，发电厂应参照标准要求和设备技术要求结合具体的励磁设备情况提出大修阶段的试验技术文件作为企业作业指导书，大修试验按照该作业指导书进行试验并完成报告。

表 1-1 国家标准和行业标准规定的励磁系统试验项目

试 验 项 目	型式试验	出厂试验	交接试验	大修试验
绝缘试验、介电强度试验	ACD	ACD	ACD	CD
环境试验	D			
单元特性测定：低励限制、过励限制、V/Hz 限制、低频保护、余弦移相、恒无功功率控制、恒功率因数控制、通信、测量、稳压电源、TV 断线	ACD	ACD	ACD	D
总体静态特性测试	AC	AC	AC	C
控制保护信号模拟动作试验和监视测量检查	ACD	ACD	ACD	CD
整流元件均流（均压）试验	ACD	AC	ACD	C
转子过电压保护单元试验	ACD		AD	D
功率整流柜温升试验	ACD			
整流柜噪声测量	ACD	C	C	
电磁兼容性试验	D			
老化试验	CD	CD	C	
核相试验				
静差率测定	AD		AD	
励磁系统顶值电压、标称响应、强励电流倍数及电压响应时间测定	ACD		D	
手动调节范围测定	ACD	AC	ACD	CD
自动调节范围测定	ACD	AC	ACD	CD
自动电压给定调节速度测定	C	C	C	C
电压分辨率测定				
调差率测定	ACD	C	ACD	C
调节器通道切换试验	ACD	ACD	ACD	CD
励磁控制系统电压/频率特性测定	ACD		ACD	

续表

试 验 项 目	型式试验	出厂试验	交接试验	大修试验
发电机空负荷电压给定阶跃试验	ACD	C	ACD	C
发电机负荷电压给定阶跃试验	D		D	D
发电机零起升压和起励试验	AD		AD	D
灭磁试验（空负荷、空负荷强励、额定工况下）	ACD	C	CD	CD
PSS 试验	D		D	
带负荷调节试验	CD	C	CD	
甩（无功）负荷试验	CD	C	CD	
整流装置输出尖峰电压测量				
轴电压测量				
励磁系统模型参数确认试验	D		D	
励磁调节器仿真试验	D		D	
励磁系统相频幅频特性测定	A			
励磁变压器试验	AC	AC	AC	C
交流励磁机在额定工况下带整流负荷测定重叠角	A		A	
交流励磁机带整流负荷时空负荷试验和负荷试验	D		D	
交流励磁机励磁绕组时间常数试验	D			
副励磁机带可控整流负荷的外特性测定	AD	D		
串联变压器试验	AC	AC	AC	C
励磁变流器试验	AC	AC	AC	C
磁场断路器及灭磁开关试验	C	C	C	C
脉冲变压器试验及触发脉冲检查	C	C	C	C

试 验 项 目	型式试验	出厂试验	交接试验	大修试验
非线性电阻试验	C	C	C	C
晶闸管跨接器试验	C	C	C	C

注 A 为 GB/T 7049.3—2007，B 为 DL/T 843—2010，C 为 DL 489—2006，D 为 DL/T 843—2010。

励磁系统现场试验内容按照试验开展的先后顺序可分为静态试验、发电机空负荷状态下的试验、发电机并网后的试验、涉网试验四个试验阶段，每个试验阶段的具体试验项目如下：

1. 静态试验项目

（1）励磁系统各部件绝缘试验；

（2）操作、保护、限制及信号回路动作试验；

（3）自动电压调节器各单元特性检查；

（4）稳压电源单元检查；

（5）模拟量、开关量单元检查；

（6）低励限制单元试验；

（7）过励限制单元试验；

（8）定子电流限制单元试验；

（9）V/Hz 限制单元试验；

（10）同步信号及移相回路检查试验；

（11）灭磁及转子主回路试验；

（12）开环小电流负荷试验。

2. 发电机空负荷状态下的试验项目

（1）核相试验与相序检查试验；

（2）交流励磁机带整流装置时的空负荷试验；

（3）副励磁机负荷试验；

（4）励磁调节器起励试验；

（5）自动及手动电压调节范围测量试验；

（6）灭磁试验及转子过电压保护试验；

（7）自动电压调节通道及自动/手动控制方式切换试验；

（8）发电机空负荷阶跃试验；

（9）冷却风机切换试验；

（10）电压互感器（TV）二次回路断线；

（11）V/Hz 限制试验；

（12）过励限制试验。

3. 发电机并网后的试验项目

（1）励磁系统 TA 极性检查；

（2）通道切换及自动/手动方式切换试验；

（3）电压静差率及电压调差率试验；

（4）发电机负荷阶跃响应试验；

（5）励磁调节器低励限制校核试验；

（6）功率柜均流试验；

（7）甩无功负荷试验。

4. 涉网试验项目

（1）发电机励磁系统参数确认及辨识试验；

（2）电力系统稳定器（PSS）整定试验；

（3）自动励磁方式下的发电机进相试验；

（4）发电机调差系数优化整定试验。

第 2 章

励磁系统静态试验

励磁系统静态试验主要指在电厂发电机组停机的状态下，且励磁系统的灭磁开关在跳开位置的情况下开展的励磁系统相关检查试验，主要包括励磁系统各部件绝缘检查，操作、保护、限制及信号回路动作试验，自动电压调节器各单元特性检查等。

2.1 励磁系统各部件绝缘检查

1. 试验目的

检查被测设备绝缘水平，判断是否受潮、老化、脏污及存在局部缺陷。

2. 试验仪器

选择符合表 2-1 测试电压要求的绝缘电阻表测试。

表 2-1　　　　励磁系统各部件绝缘试验内容和评判标准

测试部位	测试电压（V）	要求（MΩ）
端子排对机柜外壳（断电下）	1000	≥1.0
交流母排对机柜外壳	1000	≥1.0
整流柜整流元件（整流元件的阳极与阴极短接）对机柜外壳	1000	≥1.0
直流电源正、负极之间	1000	≥1.0
永磁机绕组对地	1000	≥0.5
主励磁机绕组对地	1000	≥0.5

测试部位	测试电压（V）	要求（MΩ）
励磁变高压绕组（与发电机、主变压器断开）对地	2500	≥20
励磁变高压绕组（与发电机、主变压器连接）对地	2500	≥1.0
励磁变低压侧绕组对地	1000	≥1.0
控制电源回路对地	1000	≥1.0
TV、TA 回路对地	1000	≥1.0
发电机-变压器组保护跳闸信号回路对地	1000	≥1.0

3. 试验条件

被测设备表面已清扫，无尘整洁，励磁系统各设备电气回路接线正确。测试时空气相对湿度不宜大于 80％，环境温度不宜低于 5℃。

4. 试验内容和评判标准

励磁系统各部件绝缘试验内容和评判标准见表 2-1。

5. 试验方法

把被试验的电气回路内部不是直接连接的端头用导线短接成一点。例如，整流桥的直流输出与三相交流输入短接成一点，如图 2-1 所示；直流操作回路正、负端短接成一点；交流电源回路三相短接成一点；与绕组断开的 TV、TA 二次回路三相短接成一点；继电器、接触器的输入/输出之间用导线短接成一点。然后用绝缘电阻表测量被试验的电气回路之间以及电气回路对地之间的绝缘电

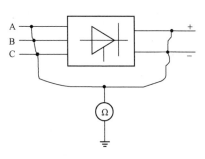

图 2-1　整流元件绝缘电阻测试图

阻，试验结果应满足表 2-1 要求。

6. 注意事项

（1）为避免高电压静电感应损坏元器件，半导体器元件各端子、非线性电阻和电容器短路；所有弱电回路应退出，不能退出的弱电元件应将其短接。

（2）试验前将被测试设备用护栏围好，挂"止步，高压危险"警示牌，并设专人监护，防止人员靠近。

2.2 操作、保护、限制及信号回路动作试验

1. 试验目的

检查各操作、保护、限制和信号回路的正确性，检查调节器自检功能的正确性。

2. 试验仪器

万用表、继电保护测试仪。

3. 试验条件

确认试验范围内各开关等元件处于开路状态，测试回路接线确认正确后才能通电测试。

4. 试验内容和评判标准

操作、保护、限制及信号回路动作试验内容和评判标准见表 2-2。

5. 试验方法

（1）励磁系统操作试验：励磁系统上电，按照表 2-2 的试验内容逐一操作。

（2）励磁系统运行状态检查：①运行方式：结合励磁系统操作试验进行。②运行工况：用继电保护测试仪在调节器的机端电压、电流和励磁电压、电流输入端子上，模拟发电机各运行工况，加入相应的模拟量。

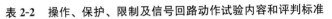

表 2-2　操作、保护、限制及信号回路动作试验内容和评判标准

试验类别		检查项目	试验标准
控制操作	1	分合灭磁开关	开关动作可靠，状态显示正确，回路设计满足要求，实际接线与图纸一致
	2	起励、灭磁	操作可靠，回路设计满足要求，实际接线与图纸一致
	3	CH1/CH2 切换、自动/手动切换	操作可靠，状态显示正确，回路设计满足要求，实际接线与图纸一致
	4	就地 PSS 投、退	操作可靠，状态显示正确，回路设计满足要求，实际接线与图纸一致
	5	就地、远方切换	操作可靠，状态显示正确，回路设计满足要求，实际接线与图纸一致
	6	就地、远方增减磁	操作可靠，回路设计满足要求，实际接线与图纸一致
	7	远方运行方式选择	操作可靠，状态显示正确，回路设计满足要求，实际接线与图纸一致
	8	恒无功功率、恒功率因数选择	操作可靠，状态显示正确，回路设计满足要求，实际接线与图纸一致
运行状态	9	励磁调节器调节方式：自动、手动、恒无功功率、恒功率因数	状态显示正确，回路设计满足要求，实际接线与图纸一致
	10	运行通道：通道 A、通道 B、通道 C	状态显示正确，回路设计满足要求，实际接线与图纸一致
	11	PSS 投入、退出	状态显示正确，回路设计满足要求，实际接线与图纸一致
	12	磁场断路器分位、合位	状态显示正确，回路设计满足要求，实际接线与图纸一致
	13	发电机电压、电流	状态显示正确，回路设计满足要求，实际接线与图纸一致
	14	有功功率和无功功率	状态显示正确，回路设计满足要求，实际接线与图纸一致
	15	励磁电压、电流	状态显示正确，回路设计满足要求，实际接线与图纸一致

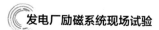

续表

试验类别		检查项目	试验标准
	16	励磁机故障	报警显示正确,回路设计满足要求,实际接线与图纸一致
	17	励磁变压器故障	报警显示正确,回路设计满足要求,实际接线与图纸一致
	18	功率整流装置故障	报警显示正确,与励磁装置故障报文一致;回路设计满足要求,实际接线与图纸一致
	19	TV断线	报警显示正确,与励磁装置故障报文一致;回路设计满足要求,实际接线与图纸一致
	20	励磁装置工作电源消失	报警显示正确,与励磁装置故障报文一致;回路设计满足要求,实际接线与图纸一致
	21	励磁装置故障	报警显示正确,与励磁装置故障报文一致;回路设计满足要求,实际接线与图纸一致
故障显示	22	触发脉冲故障	报警显示正确,与励磁装置故障报文一致;回路设计满足要求,实际接线与图纸一致
	23	调节通道自动切换动作	报警显示正确,回路设计满足要求,实际接线与图纸一致
	24	欠励限制动作	报警显示正确,与励磁装置故障报文一致;回路设计满足要求,实际接线与图纸一致
	25	过励限制动作	报警显示正确,与励磁装置故障报文一致;回路设计满足要求,实际接线与图纸一致
	26	V/Hz限制动作	报警显示正确,与励磁装置故障报文一致;回路设计满足要求,实际接线与图纸一致
	27	起励故障	报警显示正确,与励磁装置故障报文一致;回路设计满足要求,实际接线与图纸一致
	28	旋转整流元件故障	报警显示正确,与励磁装置故障报文一致;回路设计满足要求,实际接线与图纸一致

试验类别		检查项目	试验标准
故障 显示	29	风机故障	报警显示正确，与励磁装置故障报文一致；回路设计满足要求，实际接线与图纸一致
	30	发电机-变压器组故障跳闸	报警显示正确，与励磁装置故障报文一致；回路设计满足要求，实际接线与图纸一致
继电器 和 接触器	31	线圈电阻	满足产品技术规范
	32	动作特性	满足产品技术规范

（3）励磁系统故障信号检查：利用励磁装置开出量传动功能、短接继电器接点和加量模拟等办法，按照表 2-2 的试验内容进行传动检查。

（4）继电器和接触器检查：解开与励磁回路的所有连接，也可直接取下继电器，分别用万用表、继电保护校验仪对继电器和接触器进行检查。

6. 注意事项

接通电源后要对调节器柜内的开关、接触器、继电器、变压器、电子电路板卡等器件进行检查，如有异响、异味、发热高温等现象应立即切断电源，查明原因。

用继电保护测试仪在二次回路加电时，要严防 TA、TV 向一次回路反送电。

2.3　自动电压调节器各单元特性检查

励磁系统的自动电压调节器的现场静态试验主要对其限制和保护功能进行，共包括九个部分。

现场试验包括交接试验和大修试验。

2.3.1 稳压电源单元检查

1. 试验目的

测试励磁系统的稳压电源输出是否正常，精度是否符合要求，以及在工作环境的变化、输入电压和负荷发生变化的情况下，稳压精度是否满足要求。

2. 试验仪器

交、直流可调压电源，万用表。

3. 试验条件

设备正常，可加入交、直流工作电源。

4. 试验内容

（1）通过交、直流可调压电源，加入至稳压模块的输入电压，同时稳压模块接入相当于实际电流的等值负荷，测量正常状态下各级电压值，是否满足稳压精度。

（2）按照稳压范围的要求改变输入的交、直流电压的幅值或频率，测量稳压模块的输出电压大小，观察装置是否出现异常。

（3）切换交、直流电源，检查电源模块的输出电压大小，观察装置是否出现异常。

（4）输出纹波系数测试：输入、输出电压和负荷电流均为额定值，测量输出纹波电压峰峰值。电压纹波系数为直流电源电压波动的峰峰值与电压额定值之比。

5. 评判标准及注意事项

（1）输出电压纹波系数应小于2%，输出电压与额定电压的偏差值应小于5%。

（2）稳压范围：直流输入范围为187～242V（94～121V），交流输入范围为187～242V。

（3）切换时电压无波动。

（4）稳压电源的保护、报警与自恢复要与调节器总体设计协调。当稳压电源外部短路或者内部故障时，稳压电源保护应当启动，自动切除稳压电源的输出。稳压电源的自恢复不会导致故障退出的通道自行投入运行。

2.3.2　模拟量、开关量单元检查

1. 试验目的

检查对进入励磁系统的模拟量和开关量信号的采集是否正常，检查模拟量的测量范围、精度和延时是否符合要求，开关量的动作阀值、返回值和延时是否符合要求。

2. 试验仪器

标准三相交流电压源（输出 0～150V，45～55Hz，精度不低于0.5 级）、标准三相电流源（输出 0～10A，精度不低于 0.5 级）、标准直流电压源（输出 0～2 倍额定励磁电压，精度不低于 0.5 级）。

3. 试验条件

完成 2.3.1 项目。

4. 试验内容

（1）用继电保护测试仪加入发电机机端三相电压、发电机机端三相电流，测量并记录机端三相电压值（0%～130%）、机端三相电流值（0%～130%）、频率（水轮机 45～80Hz，汽轮机 48～52Hz）、有功功率（−80%～100%）、无功功率（−80%～100%）等量。测试点 5～10 个点，需包括 0 和额定值。

（2）发电机励磁电流和励磁机励磁电流一般有三种来源：整流桥交流侧 TA 二次电流、励磁回路分流器上毫伏电压、励磁电流有源传感器（如霍尔传感器），应区分原理进行试验。

（3）整流桥交流侧 TA 二次电流：用继电保护测试仪模拟三相励磁变压器 TA 二次电流，记录测量值。

（4）励磁回路分流器上毫伏电压：解开分流器，用可输出毫伏量的测试装置模拟分流器毫伏电压信号，记录测量值。

（5）励磁电流有源传感器（如霍尔传感器）：根据厂家提供的测试方法，如采用可调电阻器或专用测试装置测量。同时有条件的话可结合大电流试验进行测量。

（6）发电机励磁电压和励磁机励磁电压一般通过分压装置隔离进行测量，根据厂家提供的测试方法进行测量。

（7）开入量：通过开关、按钮或者端子短接等方式模拟增减磁、灭磁开关、发电机出口开关等开入量是否正常，装置显示是否正确，以及相应动作是否正常。

（8）开出量：用励磁调节器板件指示或界面，或专用调试软件，手动逐一改变输出开关量状态，检查是否正确输出及对应的信号名称是否正确。

5. 评判标准及注意事项

（1）发电机机端电压：测量精度分辨率在 0.5% 以内。DL/T 843—2010 规定，自动电压调节器电压测量单元的时间常数应小于 30ms。

（2）频率：改变机端电压的频率，记录频率测量值。频率测量一般用于计算控制角，频率测量偏差将导致计算的控制角与实际不一致，各相的控制角差偏大，1% 的频率测量偏差将导致控制角偏差±3.64°。频率测量精度应符合制造厂标准，如在频率 47.5～51.5Hz 区间，频率测量精度为 0.5%。

（3）发电机机端电流：测量精度分辨率在 0.5% 以内。注意，测量回路要注意二次电流的范围。

（4）发电机有功功率、无功功率：测量精度分辨率在 2.5% 以内。DL/T 843—2010 规定：电功率、频率等测量回路的时间常数应不大于 40ms。

（5）发电机励磁电流和励磁机励磁电流：误差在制造厂的范围内（如±1%）。

（6）发电机励磁电压和励磁机励磁电压：误差在制造厂的范围

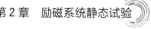

内（如±1%）。

（7）开关量：开入、开出信号是否正常，对应的信号名称是否正确。

2.3.3 低励限制单元静态试验

1. 试验目的

发电机进相运行期间，其定、转子间磁场联系减弱，发电机易失去静态稳定。为了确保一定的静态稳定裕度，励磁控制系统在设计上均配置了低励限制回路，即发电机输出一定的有功功率时，受到定子端部铁芯发热的限制，以及功角不能越过稳定极限的限制，为保证发电机设备的安全，必须保证发电机运行在功率限制圆和热稳定限制线以内。具体参数设置以试验和机组提供的进相能力极限数据为参考，同时必须与发电机失磁保护配合。

本试验检查低励限制、低励保护功能是否能正常动作，动作曲线及动作后的行为是否符合相关要求。

2. 试验仪器

万用表、继电保护测试仪。

3. 试验条件

完成2.3.2项目。

4. 试验内容

模拟调节器在运行状态，灭磁开关在合位，并网节点在合位，用继电保护测试仪输出模拟发电机三相电压和电流，改变电流的大小和相位，当发电机P、Q到达整定的欠励限制线时，发出"欠励限制"信号，减磁操作无效。改变电流的大小和相位，当发电机P、Q高于整定的欠励限制线时，"欠励限制"信号应自动返回。根据欠励限制整定曲线，选择不少于3个工况点验证特性曲线。

5. 评判标准及注意事项

（1）动作值与设置相符，欠励限制动作信号正确发出。

（2）DL/T 843—2010规定欠励限制的整定原则包括：

1) 欠励限制动作曲线是按发电机不同有功功率稳定极限及发电机端部发热条件确定的。由系统静稳定条件确定进相曲线时，应根据系统最小运行方式下的系统等值阻抗，确定该励磁系统的欠励限制动作曲线。如果对进相没有特别要求，一般可按有功功率 $P=P_N$ 时允许无功功率 $Q=-0.05Q_N$ 和 $P=0$ 时 $Q=-0.3Q_N$ 两点来确定欠励限制的动作曲线。其中 P_N、Q_N 分别为额定有功功率和额定无功功率。要求有较大进相时，一般可按静稳定极限值留 10% 左右储备系数整定，但不能超过制造厂提供的 $P-Q$ 运行曲线。欠励限制的动作曲线应注意与失磁保护的配合。

2) 为了防止电力系统暂态过程中欠励限制回路的动作，影响励磁调节，欠励限制回路应有一定的时间延迟。在磁场电流过小或失磁时欠励限制应首先动作，如限制无效，则应在发电机-变压器组失磁保护继电器动作以前自动投入备用通道。

2.3.4 过励限制单元静态试验

1. 试验目的

检查过励限制，过励保护功能是否能正常动作，动作曲线及动作后的行为是否符合相关的要求。

2. 试验仪器

万用表、继电保护测试仪。

3. 试验条件

2.3.2 项目已完成。

4. 试验内容

计算反时限特性参数并设置过励限制单元的顶值电流瞬时限制值和反时限特性参数。测量模拟额定磁场电流下过励限制输入信号的大小，然后按规定的值整定。在过励限制的输入端通入模拟发电机运行时的转子电流信号，其大小对应于过励限制曲线对应的转子电流。此时调整过励限制单元中有关整定参数，使过励限制动作。

根据过励限制整定曲线，选择超过3个工况点验证过励限制特性曲线和动作延时。

5. 评判标准及注意事项

（1）动作值与设置相符，过励限制动作信号正确发出。

（2）DL/T 843—2010规定过励限制及其整定原则包括：

1）自动电压调节器的过励反时限限制单元应具有符合GB/T 7064规定的发电机磁场过电流特性的反时限特性，在达到允许发热量时，将磁场电流限制到额定值附近。因励磁机饱和难以与发电机磁场过电流特性匹配时宜采用非函数形式的多点表述反时限特性。

2）过励限制整定的一般原则如下：

① 励磁系统顶值电流一般应等于发电机标准规定的最大磁场过电流值，当两者不同时按小者确定。

② 过励反时限特性函数类型与发电机磁场过电流特性函数类型一致。

③ 过励反时限特性与发电机转子绕组过负荷保护特性之间留有级差。顶值电流下的过励反时限延时应比发电机转子过负荷保护延时适当减少，但不宜过大，一般可取2s。

④ 过励反时限启动值小于发电机转子过负荷保护的启动值，一般为105%～110%发电机额定磁场电流。启动值不影响反时限特性。

3）以发电机磁场电流作为过励限制控制量的过励限制整定应符合下列规定：

① 静止励磁系统和有刷交流励磁机励磁系统采用发电机磁场电流作为过励限制的控制量。

② 顶值电流瞬时限制值等于励磁系统顶值电流。

③ 顶值电流下的过励反时限延时与发电机转子过负荷保护的反时限延时满足级差的要求，并按照整个过电流范围与转子过负荷

保护匹配选取合适的过励限制过热常数。

4）以励磁机磁场电流作为过励限制控制量的过励限制整定应符合下列规定：

① 无刷励磁系统采用励磁机磁场电流作为过励限制的控制量。

② 确定励磁机磁场电流瞬时限制值时需要考虑励磁机的饱和。由发电机的顶值电流得到对应的发电机磁场电压，从励磁机负荷特性曲线上得到对应的励磁机磁场电流瞬时限制值。

③ 确定过励反时限限制的过热常数时一般不计发电机磁场回路时间常数。按照下述步骤进行整定计算：

a. 由励磁机负荷特性得到发电机磁场电压与励磁机磁场电流的关系。

b. 按照与励磁系统定值电流对应的励磁机磁场电流、发电机额定运行时的励磁机磁场电流和励磁系统顶值电流下允许时间计算励磁机磁场绕组过电流过热常数为

$$C_e = \left[(I_{\text{efmax}} / I_{\text{efN}})^2 - 1 \right] t_P \tag{2-1}$$

式中　　I_{efmax} ——与励磁系统顶值电流对应的励磁机磁场电流，A；

　　　　I_{efN} ——发电机额定运行时的励磁机磁场电流，A；

　　　　t_P ——励磁系统顶值电流持续时间，s。

c. 检查励磁机磁场过电流持续时间与发电机磁场过电流持续时间配合情况，如不配合则调整 C_e。

d. 按照 C_e 整定发电机转子过负荷保护。

e. 励磁机磁场电流为 I_{efmax} 时的过励反时限延时与发电机转子过负荷保护的反时限延时满足级差的要求，选取合适的过励限制过热常数。

5）当不采用发电机转子过负荷保护时，过励限制仍按照上述方法确定。

6）过励限制动作后不应当阻断电力系统稳定器 PSS 的作用。

2.3.5　定子电流过电流限制单元静态试验

1. 试验目的

检查定子电流过电流限制器是否能正常动作，动作曲线及动作后的行为是否符合相关的要求。

2. 试验仪器

万用表、继电保护测试仪。

3. 试验条件

2.3.2 项目已完成。

4. 试验内容

整定并输入设计的定子电流限制曲线，用继电保护测试仪模拟机端电流信号，并逐步调整继电保护测试仪的输出电流大小，使其达到定子电流限制值，使定子电流限制动作，"定子过流限制"发信。根据定子电流限制整定曲线，选择超过 3 个工况点验证定子电流特性曲线。定子电流过流限制要求具有反时限特性，试验方法同过励限制试验方法。

5. 评判标准及注意事项

评判标准：动作值与设置相符，励磁调节器定子电流限制动作信号正确发出。

关于定子电流过电流限制是否应该配置在励磁系统中，学术上存在不同的观点。一种观点认为定子电流过流应由发电机-变压器组保护负责，不属于励磁系统的工作，因为励磁系统只能调节发电机定子电流的无功分量，并不能调节定子电流的有功分量，因此，不建议励磁系统配置定子电流过流限制。另一种观点认为，当电网故障情况下，发电机强励对电网支撑，如果有定子电流过流限制，可以确保发电机挂在电网上，不被发电机-变压器组保护解裂，对电网仍有支撑作用，利于电网稳定。

电厂应根据自己电厂励磁调节器的实际情况，对定子电流过流限制进行试验，定子电流过流限制应优先于发电机-变压器组保护中定子过流保护动作。

2.3.6 V/Hz（伏/赫兹）限制单元静态试验

1. 试验目的

V/Hz（伏/赫兹）限制也称 U/f 限制，是发电机电压和频率的比值限制，也是一种过励磁限制，应与发电机和主变压器的过励磁保护相匹配，起到防止发电机和主变压器发生过励磁的作用。发电机或主变压器的过励磁表现为铁芯过热，有反时限特征，V/Hz 限制特性一般也要求具有反时限特点。

2. 试验仪器

万用表、继电保护测试仪。

3. 试验条件

2.3.2 项目已完成。

4. 试验内容

整定并输入设计的 V/Hz 限制曲线，用继电保护测试仪模拟机端电压信号，逐步调整继电保护测试仪输出的三相电压源频率，使电压频率在 45～52Hz 范围内改变。测量励磁调节器的电压整定值和频率值并做记录。

示例：某励磁调节器 V/Hz 限制器静态试验。

（1）调节器在运行状态，设定 V/Hz 限制动作值为 1.05。用继电保护测试仪输出模拟发电机三相电压为 1.05p.u.，频率为 50Hz，继续增加三相电压时 V/Hz 限制器动作；或者模拟发电机三相电压 1.0p.u.，改变继电保护测试仪输出频率，当频率低于 47.62Hz 时，V/Hz 限制器动作。测量 V/Hz 限制启动值、限制值和复归值。

（2）测定 V/Hz 限制延时时间。调整模拟发电机电压和频率到 V/Hz 限制动作的临界点，突然增加电压或减少频率，录波记录发电机电压信号和 V/Hz 限制信号，测量 V/Hz 限制延时时间。如果 V/Hz 限制采用反时限，则可以调整电压突增量大小或频率大小，测量不同 V/Hz 值下的延时，做出反时限特性曲线。

5. 评判标准及注意事项

（1）评判标准：动作值与设置相符，励磁调节器 V/Hz 限制动作信号正确发出。

（2）DL/T 843—2010 对 V/Hz 限制的相关规定：

1）自动电压调节器的 V/Hz 限制特性应与发电机及主变压器的过励磁特性匹配，应具有定时限和反时限特性，发电机动态过程的励磁调节应不受电压/频率比率限制单元动作的影响。反时限特性宜采用非函数形式的多点表述方式，应与过励磁保护的定时限和反时限特性配合。

2）V/Hz 限制在发电机空负荷和负荷时均投入。

3）V/Hz 限制动作后不应当阻断电力系统稳定器 PSS 的作用。

4）V/Hz 限制启动值应大于发电机电压正常运行上限，限制值和复归值可等于或略低于发电机电压正常运行上限。如发电机电压正常运行上限为 1.05，V/Hz 限制启动值可选 1.07，限制值可选 1.05，复归值可选 1.04。

5）V/Hz 限制动作后不允许进行增磁操作，自动减电压给定值至 V/Hz 比值为限制值。

2.3.7　同步信号及移相回路检查试验

1. 试验目的

检查同步信号及移相触发回路是否正常，实测晶闸管的触发角与励磁控制器发出的触发角指令是否一致。

移相触发单元一般包括以下要点：同步电路的相位，同步信号的滤波，控制电压和控制角关系，控制角限制，余弦移相，触发脉冲的对称性，脉冲上升沿、幅值和带负荷能力，最低可正常工作的同步电压，脉冲封锁和开放，逆变控制，丢脉冲检测，同步电压缺相等。制造厂应在技术条件或规范中给出以上各要点的说明。

按照标准要求，移相电路要求采用余弦移相，对于数字化微机励磁控制器，具体实现方式是对控制量 U_C 求反余弦处理，控制角 α 为

$$\alpha = \arccos(K \times U_C / U_{syn})$$

式中　U_C——控制电压；

　　　U_{syn}——整流桥交流侧电压；

　　　K——比例系数。

励磁控制器发出的触发角经过晶闸管环节得到励磁电压 U_{FD}：

$$
\begin{aligned}
U_{FD} &= 1.35 \times U_{syn} \times \cos\alpha \\
&= 1.35 \times U_{syn} \times \cos[\arccos(K \times U_C / U_{syn})] \\
&= 1.35 \times K \times U_C
\end{aligned}
$$

如此，实现了励磁系统输出直流电压与控制电压的线性关系 $U_{FD} \propto U_C$，且与交流侧电压无关，余弦移相使得励磁系统变为线性系统，增强了励磁系统控制的鲁棒性。

2. 试验仪器

标准三相交流电压源（一般取自电厂 380V 厂用母线）、示波器或波形记录仪、万用表等。

3. 试验条件

装置完成 2.3.1～2.3.6 项目试验。

4. 试验内容

励磁调节器运行在开环他励方式，一般为定角度方式，模拟励磁调节器运行的条件，使其输出脉冲。用示波器观察调整触发脉冲与同步电压信号之间的相位差，计算实际的触发角，检查触发脉冲角度的指示与实测值是否一致，调整最大和最小触发脉冲控制角限制。

5. 评判标准及注意事项

（1）评判标准：励磁调节器移相特性正确。

（2）DL/T 843—2010 规定：移相电路一般采用余弦移相，控制角的余弦与控制电压成正比，与可控硅阳极实际电压成反比。移相角范围为 15°～140°。同步回路宜采用各相独立的同步触发回路，移相触发脉冲的更新周期一般为 3.3～10ms。发电机达到额定电压的 10% 以上时，要求自并励静止励磁系统移相电路应能正常工作。

（3）不同桥臂触发脉冲控制角最大的角差一般小于 3°，因为同步滤波的原因造成相位移动影响环节的线性度，建议制造厂对此有所要求，如在 60°～120°范围内 $\Delta\cos\alpha <$（0.02～0.05），在其他范围内 $\Delta\cos\alpha <$（0.05～0.15）。

2.3.8　灭磁及转子主回路静态试验

1. 试验目的

检查灭磁及转子过电压保护回路是否工作正常，过电压保护定值是否正确。

2. 试验仪器

交直流耐压测试仪、万用表、绝缘电阻表、滑线变阻器、示波器或波形记录仪等。

3. 试验条件

完成 2.3.1～2.3.6 项目试验。

4. 试验内容

（1）绝缘电阻和介电强度试验；

（2）磁场断路器空负荷操作性能［合、分闸线圈直流电阻测量、最小操作电压下分合闸试验、最大操作电压下分合闸试验、重合闸闭锁（防跳）试验］；

（3）放电触头调整试验；

（4）线性电阻电阻值测量；

（5）ZnO 非线性电阻测量（ZnO 阀片标称压敏电压测量；ZnO 阀片漏电流测量，ZnO 伏安特性测量）；

（6）SiC 非线性电阻试验；

（7）转子过电压保护装置试验。

示例 1：发电机转子过电压保护用 ZnO 阀片检测。

对单个 ZnO 阀片施加直流电压，电压由零逐步增加至 U_{10mA}（阀片流过电流达到 10mA 时两端的电压降）止，记录过程中的电压及电流数据，测试 $1/2U_{10mA}$ 下阀片的泄漏电流。

根据国内一些生产厂家的规定，普遍采用 U_{10mA} 作为 ZnO 阀片的压敏电压，并要求 $1/2U_{10mA}$ 电压下的泄漏电流为 $50\sim100\mu A$。由于 ZnO 阀片的电压-电流特性在电流较大时出现饱和，在 10mA 以上时电压曲线比较平，实际的测量也证明了这一点。

示例 2：ABB UNITROL 5000 自并励静止励磁系统的灭磁及转子过电压保护试验。

（1）灭磁及转子过电压保护跨接器（CROWBAR）动作值及功能检查的安全措施。灭磁及转子过电压保护单元的电路图如图 2-2 所示，主要由 A02、F02 两个模块组成。为安全起见，试验前将 F02 模块 C、A 端至转子正极，B 端至非线性电阻的两条电缆均解开（如果 C、A 处解线困难，则解除正极上分流器和至熔断器 F04 的所有二次接线，断开灭磁开关并拉开灭磁开关控制电源和合闸电源，确认至转子两极的软连接均已断开，并已做好隔离），并做好绝缘安全措施。试验前将 A02 模块 1、2、3、4、5、6、7 及排插均解开。

（2）在静态条件下，测量正反向接晶闸管 V1、V2、V3 的导通性能。

在正向接晶闸管 V1 的触发极加小于 3V 的正向电压，在 V1 的正负极主回路，所加正接的 6V 电池灯亮，去掉 3V 的触发正向电压，所加正接的 6V 电池灯仍然亮，表明主回路仍然通。给主回路加一反向电压，使用同样的触发信号，晶闸管不能导通。对反向接晶闸管 V2、V3 的检查按相同方法进行。

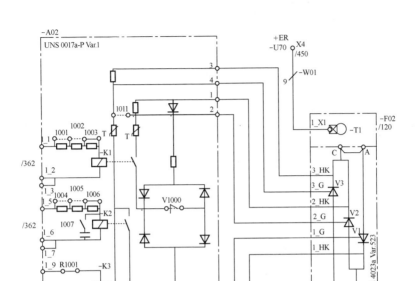

图 2-2 ABB UNITROL 5000 灭磁及转子过电压保护单元的电路图

（3）灭磁及转子过电压保护动作值测试

在静态条件下，施加模拟转子过电压，测量所有正反向并联晶闸管导通时的对应值。通过交直流耐压测试仪施加直流电压，在测试时，测试仪显示输出电压，并设置自动切断电流，最大设置值为11mA，有效保证试验的安全性。

试验时，首先对 A02 电路板用 1000V 绝缘电阻表进行绝缘测量，结果记录如表 2-3 所示。

表 2-3　　　　　　　　　　**A02 电路板绝缘测量**

测量点	绝缘值（MΩ）	测量点	绝缘值（MΩ）
①—地		⑥—地	
⑤—地		②—地	
①—⑥			

对于 V1000 转子过电压保护的正向，在①加耐压测试仪正极，⑥加耐压测试仪负极，动作值记录如下：

①－⑥：直流动作电压为_____V，临界动作前泄漏电流为_____mA。

对于 V1000 转子过电压保护的反向，在⑥加耐压测试仪正极，①加耐压测试仪负极，动作值如下：

⑥－①：直流动作电压为_____V，临界动作前泄漏电流为_____mA。

（4）灭磁及转子过电压保护动作与发电机-变压器组保护联动测试：

① 试验前，恢复 A02 模块 1、2、3、4、5、6、7 的接线及将排插插上。在静态条件下，给上灭磁控制模块的电源。

② 测试接线图如图 2-3 所示。在 F02 的 B、C 端施加 110V 直流电源，回路中串入 100Ω、2A 左右的电阻，模拟发电机-变压器组保护发出的灭磁开关跳闸信号，监测回路电流，观察反向并联晶

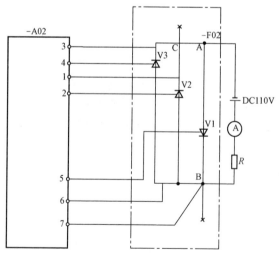

图 2-3 灭磁及转子过电压保护动作与发电机-变压器
组保护联动测试图（对 V2 的测试）

闸管 V2 的导通情况。用同样的方法检查反向并联晶闸管 V3 的导通情况。

③ 试验后恢复 F02 模块 C、A 端至转子正极及 B 端至非线性电阻的两条电缆。

（5）试验结束。拆除临时接线，励磁系统恢复到试验前的状态。

5. 评判标准及注意事项

（1）DL/T 843—2010 规定：

1）灭磁装置应简单可靠。

2）交流励磁机励磁系统应采用交流励磁机励磁回路灭磁方式，应采用逆变压器灭磁和交流励磁机磁场断路器分断两种灭磁方式。

3）自并励静止励磁系统灭磁方式可采用直流侧磁场断路器分断灭磁或交流侧磁场断路器分断灭磁，可采用逆变灭磁和/或切除晶闸管整流装置脉冲灭磁，无论采用哪种方式，都应具有两种措施以保证可靠灭磁。对灭磁速度不做规定，可以采用自然灭磁。移能型磁场断路器的弧压应保证在 GB/T 7409.3 规定的最严重灭磁情况下可靠地转移磁场电流至灭磁电阻中。灭磁时磁场断路器可延时断开，以降低对磁场断路器的弧压和磁场断路器的分断电流的要求。

4）灭磁电阻宜采用线性电阻，灭磁电阻值可为磁场电阻热态值的 1～3 倍。任何情况下灭磁时发电机转子过电压不应超过转子出厂工频耐压试验电压幅值的 60%，应低于转子过电压保护动作电压。

5）磁场断路器在操作电压额定值的 80% 时应可靠合闸，在 65% 时应能可靠分闸，低于 30% 时应不跳闸。

6）发电机转子回路不宜设大功率转子过电压保护，如装设发电机转子过电压保护装置以吸收瞬时过电压，则应简单可靠，动作电压值应高于灭磁和异步运行时的过电压，应低于转子绕组出厂工频耐压试验电压幅值的 70%，其容量可只考虑瞬时过电压。过电压保护动作应能自动复归，一般不应使发电机掉闸。

（2）参照《大中型水轮发电机静止整流励磁系统及装置试验规程》（DL/T 489—2006）的有关规定：非线性电阻的型式试验及出厂试验按制造厂家规定进行。对于高能氧化锌压敏电阻元件，交接试验中应逐支路测试记录元件压敏电压 U_{10mA}。测试元件泄漏电流，对元件施加相当于 0.5 倍 U_{10mA} 直流电压时，其漏电流应小于 $100\mu A$，定期检验时按同样标准检测元件泄漏电流。A、B 修时，测定元件压敏电压，在同样外部条件下与初始值比较，压敏电压变化率大于 10% 应视元件为老化失效。当失效元件数量大于整体数量的 20% 时，应更换整个非线性电阻。

2.3.9 开环小电流负荷试验

1. 试验目的

励磁系统小电流试验是指在整流柜的阳极输入侧外加交流电压，让励磁变压器、励磁调节柜、功率整流装置、励磁电压互感器带电，直流输出接电阻负荷，调整控制角，通过观察负荷电压波形变化，综合检查励磁控制器测量、脉冲等回路和整流柜元件的一种试验方式。

励磁系统开环试验的目的是创造一个模拟的环境，以检查励磁调节器的基本控制功能、脉冲可靠触发的能力、晶闸管完好性等；同时检查同步信号回路的相序和相位，查看调节器的触发脉冲是否正确，检查晶闸管功率桥是否均能可靠触发，检查晶闸管输出波形是否正确。

2. 试验仪器

380V 的三相交流电源（一般取自电厂 380V 厂用母线）、大功率电阻负荷（电流大于晶闸管最小维持导通电流）、示波器或波形记录仪。

3. 试验条件

励磁调节器装置各部分安装检查正确，完成接线检查和单元试验及绝缘耐压试验。对于自并励系统，断开晶闸管阳极与励磁变低压侧的连接，直接在晶闸管的阳极接入与试验相适应的工频三相电源；对于交流励磁机励磁系统，则开启中频电源并检查输入电压为正相序。确定整流柜及同步变压器为同相序且为正相序，接好大功率电阻负荷。

4. 试验内容

（1）输入模拟 TV 和 TA 以及励磁调节器应有的测量反馈信号，检测各检测量值的测量误差在要求的范围内。

（2）断开功率输出与发电机转子线圈的连接，将试验模拟负荷接入整流屏的输出侧；为晶闸管的阳极提供试验用三相电源，送电后须在晶闸管的阳极处测量试验电源的相序；励磁投入，操作增、减磁，改变整流柜直流输出，用示波器观察负荷上的波形，每个周期应有 6 个波头，且各波头对称一致，增、减磁时波形变化平滑、无跳变。

示例 3：吉思 GEC－300 励磁调节器小电流试验。

调节器交流侧、直流侧开关断开位置，三相调压器一次侧接三相 380V 电源，二次侧接调节器柜内三相交流母排，柜内直流侧输出接模拟负荷电阻（约 100Ω，2A）。调整三相调压器输出为100V，检查相序正确。用继电保护测试仪给励磁调节器的 TV 采样回路加三相机端电压（约 100％额定电压），励磁调节器工作在开环模式，从控制箱调节给定电压 U_r 值以改变 α 角。用示波器观察输出波形，每周期应有 6 个波头，且每个波头的波形一致，无畸变。用万用表量测模拟负荷电阻电压，输出无突变，符合理论计算。用示波器观察各晶闸管触发脉冲波形应正常。

在 α 角为 90°、60°、30°时，用万用表测量输出电压，用示波器观察输出波形，计算显示 α 角与实际 α 角偏差，对参数进行修正。

将机端电压 U_t 保持为 1.0p.u.，改变电压给定值 U_r，在励磁调节器输出电压 U_{DC} 为 5～70V，在表 2-4 中记录 U_r、α 和交流电压。

表 2-4　　　　　　　　　小电流试验记录表格

U_r (p.u.)	A柜							
	B柜							
α	A柜							
(°)	B柜							
U_{DC}（V）	A柜	5	10	20	30	40	50	60	70
	B柜	5	10	20	30	40	50	60	70
交流	A柜							
电压	B柜							

试验过程也可以将 U_r 保持 1.0p.u. 不变，通过调节继电保护测试仪来励磁调节器采样的机端电压 U_t，励磁调节器同样工作在开环模式，使得励磁调节器输出电压 U_{DC} 在 0～70V 之间变化，记录 U_t、α 和交流电压。

5. 评判标准及注意事项

（1）评判标准：电阻性负荷时，直流输出电压应满足

$$U_{DC} = 1.35U_{AC}[1+\cos(\alpha+60°)], \alpha > 60° \qquad (2-2)$$

$$U_{DC} = 1.35U_{AC}\cos\alpha, \alpha \leqslant 60° \qquad (2-3)$$

式中　U_{DC}——整流桥输出控制电压，V；

　　　U_{AC}——整流桥交流侧电压，V；

　　　α——整流桥触发角，（°）。

整流设备输出电压波形的换相尖峰不应超过阳极电压尖峰值的 1.5 倍。

（2）分析励磁系统小电流试验的录波图：发电机的励磁调节器一般采用三相全控整流桥回路，整流回路中 6 个晶闸管依次导通，在一个周期（20ms）内就产生 6 个波头。

小电流试验没有直流输出可能的原因及处理方法如下：①所加的假负荷阻值太大，导致晶闸管无法正常续流，应减小负荷阻值至 $100\sim200\Omega$ 之间。②没有脉冲，检查整流柜上的"脉冲投切"开关是否在"投"的位置。③有"跳灭磁开关封脉冲"的，检查灭磁开关是否合上（或者通过模拟灭磁开关合位的节点信号）。④没有同步，检查同步变压器的高压侧接线是否与所加的阳极电压相连。

　　（3）安全措施：断开励磁变压器一次接线。防止试验中谐波电流进入厂用电母线，导致厂用电保护误动跳机。

第 **3** 章

发电机空负荷状态下试验

发电机空负荷状态下励磁系统试验主要指发电机组转速维持在额定转速，并网开关在分闸位置，励磁系统可工作在他励或者自并励方式，灭磁开关可正常投切，主要开展空负荷状态下励磁调节器的相关功能及动态性能检测等。

3.1 核相试验与相序检查试验

1. 试验目的

采用相位控制方式的整流器件都需要建立正确的主电压和移相控制范围关系。对于需要临时工作在他励接线方式的自并励机组（新投产的机组、大修或者电厂设备升级改造后需要进行发电机短路和空负荷试验的机组），检查励磁系统安装后励磁变压器（副励磁机）、同步信号、触发脉冲，以及功率整流装置接线的正确性。

2. 试验仪器

万用表、相序表、相位表、示波器等。

3. 试验条件

励磁系统一次接线查对完毕，通电正常后进行。

对于自并励系统，通过临时电源对励磁变压器充电，验证励磁变压器二次侧和同步变压器的相位一致，相序正确。

对于三机励磁系统，开机达额定转速后检查副励磁机电压相序。

4. 试验内容

（1）通过临时电源（一般取电厂 6kV 厂用母线电源）送电至

励磁变压器高压侧，励磁变压器低压侧按正常接线方式不变。

（2）在功率柜的阳极测量三相电压的相序，各相位关系应当与设计一致，相序正确。

（3）按照机组正常开机逻辑开机，使励磁调节器进入运行，用示波器实时监测励磁调节器启动的过程，重点观察发电机机端电压的变化是否可控，是否出现误强励。用示波器观察晶闸管输出波形与控制角是否一致。

（4）观察调节器模拟量各项测量值。

（5）交流励磁机励磁系统的试验内容和方法参照自并励静止励磁系统。

5. 评判标准及注意事项

调节器测量值准确，相序正确，各相位关系与设计一致。在试验过程中，功率装置输出波形的控制角角度应与调节器显示的一致，波形连续变化而无颠覆。

如果出现发电机机端电压失控，出现空负荷误强励，说明晶闸管的实际阳极电压相序和励磁调节器定义的相序不一致，应立即停止试验，断开临时电源，更改或调整两者的相序一致。具体做法有两种：第一种是直接修改一次设备的接线，调整相序；第二种是在励磁调节器（目前励磁调机器基本都是数字式励磁调节器）里更改相序定义，使得触发脉冲的相位关系与实际的晶闸管阳极电压相序一致。特别需要注意的是，如果采用第二种方法调整相序，部分励磁调节器需要进行一次重上电启动，此修改设置才能生效。

3.2 交流励磁机带整流装置时的空负荷试验

1. 试验目的

录取交流励磁机空负荷、负荷特性曲线，获取交流励磁机相关参数。

2. 试验仪器

万用表、电量记录分析仪。

3. 试验条件

发电机空负荷状态，发电机转速稳定在额定转速，交流励磁机的电枢绕组与发电机转子绕组之间可断开，交流励磁机的电枢电压有测点。

4. 试验内容

（1）空负荷特性曲线：断开交流励磁机与发电机转子绕组之间的连接（一般为发电机灭磁开关），可直接测量交流励磁机的电枢电压，也可间接测量交流励磁机的电枢电压，如在与交流励磁机电枢绕组连接的二极管整流器输出上并联 2kΩ、0.5A 左右的电阻，电阻上的直流电压为 1.35 倍的交流励磁机电枢电压（有效值）。逐渐改变励磁机磁场电流，测量交流励磁机电枢电压（或者测量整流后电阻上的电压）上升及下降特性曲线。试验时记录励磁机磁场电压、磁场电流、交流输出电压及整流电压，试验时的最大整流电压可取励磁系统顶值电压。

（2）负荷特性曲线：可以在发电机空负荷、短路及负荷试验的同时，测量励磁机磁场电压、电流、发电机磁场电压等，做出交流励磁机的负荷特性曲线。

（3）空负荷时间常数：交流励磁机空负荷以额定转速运行时，使交流励磁机磁场电压发生阶跃变化，可采用临时电源的投、切产生阶跃电源，也可采用对励磁调节器定角度控制方式产生阶跃电源，测量交流励磁机的输出直流电压和交流励磁机磁场电流的变化曲线，计算励磁机励磁回路（包括引线及整流元件）的空负荷时间常数。

5. 评判标准及注意事项

相关特性曲线、参数符合厂家设计要求。

3.3 副励磁机负荷试验

1. 试验目的

检验副励磁机负荷特性是否满足要求。

2. 试验仪器

万用表、电量记录分析仪。

3. 试验条件

机组转速达到额定值时进行测试。

4. 试验内容

副励磁机以可控整流器为负荷，整流装置输出接等值负荷，逐渐增加负荷电流，直至达到发电机额定电压对应的调节器输出电流为止。记录副励磁机电压和整流负荷电流。

也可以在运行中测量不同负荷时副励磁机的电压和整流负荷电流。

5. 评判标准及注意事项

副励磁机负荷从空负荷到相当于励磁系统输出顶值电流时，其机端电压变化应不超过10%～15%额定值。

3.4 励磁调节器起励试验

1. 试验目的

检查励磁系统基本的接线和控制是否正确，测试励磁控制系统起励特性。

2. 试验仪器

电量记录分析仪。

3. 试验条件

起励控制的静态检查已结束，励磁调节器的 PID 参数已进行初步整定，发电机转速为额定转速，进行励磁调节器不同通道、自动方式和手动方式、远方和就地的起励操作，进行低设定值下起励和额定设定值下起励。

4. 试验内容

（1）临时调整发电机过电压保护定值，试验时动作值可以设115%～125%额定电压，无延时动作分磁场断路器或灭磁开关，经过模拟试验证明其动作正确。

（2）设置调节器工作通道和控制方式，设置起励电压，设置远方或就地起励控制，确认他励起励电源投入且正常。

（3）第一次起励设置起励电压一般小于50%发电机额定电压，一般采用手动方式。通过操作开机起励按钮，励磁系统应能可靠起励，记录发电机电压建压过程波形。

（4）第一次起励成功后检查调节器各个通道的发电机电压、发电机励磁电流和电压、励磁机励磁电流和电压、同步信号测量值。

（5）第一次自动方式起励一般将电压给定值置最小值。

（6）自动和手动零起升压最终试验在 PID 参数整定后进行，给定值置发电机空负荷额定值。

5. 评判标准及注意事项

能够成功起励，发电机电压稳定在设定值。发电机零起升压时，发电机端电压应稳定上升，其超调量应不大于额定值的 10%。水轮机、燃气轮机等有调峰作用的机组应该具有快速并网能力，其励磁系统自动通道起励时间应小于 15s。

如果发现发电机电压波动太大或电压不可控制地上升，应立即分断灭磁开关灭磁，检查消除故障后再进行试验。

3.5 自动方式及手动方式电压调节范围测量试验

1. 试验目的

测试自动方式和手动方式下发电机电压和转子电压（电流）的

调节范围和稳定情况，以便满足各种情况下发电机并网和输送功率的要求。

2．试验仪器

万用表、电量记录分析仪。

3．试验条件

自动方式下发电机电压调节范围试验在发电机空负荷时进行。手动方式下转子电压（电流）调节范围试验在发电机空负荷和负荷时进行。

4．试验内容

设置调节器的运行通道，选择自动或手动方式，起励后进行增、减给定值操作，至达到要求的调节范围的上下限。记录发电机电压、转子电压、转子电流和给定值，同时观察运行稳定情况。

5．评判标准及注意事项

手动励磁调节时，上限不低于发电机额定磁场电流的 110％，下限不高于发电机空负荷磁场电流的 20％，同时不能超过发电机电压的限制值，调节平滑稳定。自动励磁调节时，发电机空负荷电压能在额定电压的 70％～110％范围内稳定平滑地调节。在发电机空负荷运行时，DCS 或手动连续操作下，自动励磁调节的调压速度应不大于每秒 1％发电机额定电压，不小于每秒 0.3％发电机额定电压。

如果发电机电压波动太大或电压不可控制地上升，应立即分断灭磁开关，检查消除故障后再进行试验。

3.6　灭磁试验及转子过电压保护试验

1．试验目的

检查发电机励磁系统灭磁装置，在发电机空负荷工况下的灭磁作用。现场需要进行的是检验灭磁功能,即操作正确性、动作逻辑正确性、各种灭磁方式(如逆变灭磁、开关灭磁)下灭磁的正确性。

2. 试验仪器

万用表、电量记录分析仪。

3. 试验条件

灭磁装置静态检查结束,发电机在空负荷下以额定转速稳定运行,做好试验测量录波准备。

4. 试验内容

灭磁试验在发电机空负荷额定电压下按正常停机逆变灭磁、单分灭磁开关灭磁、远方正常停机操作灭磁、继电保护动作跳灭磁开关灭磁 4 种方式进行,其中逆变灭磁和远方正常停机操作灭磁须在调节器每个通道进行一次。测录发电机机端电压、磁场电流和磁场电压的衰减曲线,测定灭磁时间常数,测定转子绕组承受的灭磁过电压。必要时测量灭磁动作顺序。

5. 评判标准及注意事项

灭磁开关不应有明显灼痕,灭磁电阻无损伤,转子过电压保护无动作,任何情况下灭磁时发电机转子过电压不应超过转子出厂工频耐压试验电压幅值的 70%,应低于转子过电压保护动作电压。当采用跨接器或非线性电阻灭磁时,测量灭磁时跨接器动作电压值或非线性电阻两端电压值应符合设计要求。

3.7 自动电压调节通道及自动/手动控制方式切换试验

1. 试验目的

检查励磁调节器各调节通道和控制方式间的跟踪、切换条件和无扰动切换。

2. 试验仪器

万用表、电量记录分析仪。

3. 试验条件

在发电机 100% 额定空负荷电压状态下进行，做好录波准备。

4. 试验内容

在空负荷运行工况下，人工操作调节器通道和控制方式进行切换，具体切换试验包括通道之间的切换，就地或远方控制方式下进行自动方式、手动方式之间的切换，录波记录发电机机端电压、励磁电压、励磁电流等。也可模拟通道故障、调节器电源消失等故障情况进行自动通道切换检查。对于正常运行的双通道调节器，进行双通道切换到单通道运行，以及单通道切换到双通道运行检查。

5. 评判标准及注意事项

励磁调节装置的各通道间应实现自动跟踪，任一通道故障时均能发出信号。运行的通道故障时能进行自动切换。通道的切换不应造成发电机电压的明显波动，发电机空负荷自动跟踪切换后机端电压稳态值变化小于 1% 额定电压，机端电压变化暂态值最大变化量不超过 5% 额定机端电压。

切换装置的自动跟踪部分应具有防止跟踪异常情况或故障情况的措施。

对于双通道的调节器，需要对每个通道进行手动-自动切换试验，以分别验证切换的正确性。调节器手动-自动相互跟踪有一个过程，因此在做切换操作时应保证其跟踪时间。

3.8　发电机空负荷阶跃试验

1. 试验目的

测试并且调整自动调节器的 PID 参数，使得在线性范围内的自动电压调节动态品质达到标准要求。初步检查励磁系统的静态、动态放大倍数。发电机空负荷电压给定阶跃试验也是励磁系统模型参数确认试验的重要内容。

2. 试验仪器

万用表、电量记录分析仪。

3. 试验条件

发电机空负荷稳定运行，励磁调节器工作正常。按照阶跃扰动不使励磁系统进入非线性区域（限幅和限制环节不动作）来确定阶跃量，阶跃量一般取发电机额定电压的5%。

4. 试验内容

设置励磁调节器为自动方式，设置阶跃试验方式，设置阶跃量，发电机电压为空负荷额定电压，在自动电压调节器电压相加点叠加负阶跃量，发电机电压稳定后切除该阶跃量，发电机电压回到额定值。采用录波器测量、记录发电机电压、磁场电压等的变化曲线，计算发电机电压阶跃的上升时间、超调量、振荡次数和调整时间。如果不符合标准要求，需要现场修改调节器PID参数，重做阶跃试验，直到品质符合标准为止。阶跃过程中励磁系统不应进入非线性区域，否则应减小阶跃量。

5. 评判标准及注意事项

自并励静止励磁系统的电压上升时间不大于0.5s，振荡次数不超过3次，调节时间不超过5s，超调量不大于30%。交流励磁机励磁系统的电压上升时间不大于0.6s，振荡次数不超过3次，调节时间不超过10s，超调量不大于40%。较小的上升时间和适当的超调量有利于电力系统的稳定。

正常并联运行的双通道调节器需要设置为单通道运行后进行阶跃试验。参数确认后再将确认后的参数设置到另一通道，切换到另一通道运行，进行另一通道的阶跃试验。双通道阶跃响应应当一致。

3.9　冷却风机切换试验

1. 试验目的

检查励磁整流柜的风机切换是否满足设计要求。

2. 试验仪器

万用表、电量记录分析仪。

3. 试验条件

发电机空负荷运行，励磁调节器以正常自动方式运行。

4. 试验内容

整流柜的风机为双套冗余设计，双路电源供电。模拟工作风机故障，观察备用风机是否启动；断掉风机工作电源，观察是否能够切换到备用电源继续工作。

5. 评判标准及注意事项

当工作风机故障停止运行时，备用风机应自动启动运行；在风机工作交流电源断电的情况下，应自动切换到备用电源工作。

3.10　电压互感器（TV）二次回路断线试验

1. 试验目的

验证调节器励磁 TV 或测量 TV 断线后的动作正确性。

2. 试验仪器

万用表、电量记录分析仪。

3. 试验条件

发电机空负荷稳定运行，调节器以正常自动方式运行。出于安全考虑，可在发电机 95% 额定空负荷电压状态下进行，做好录波准备。

4. 试验内容

励磁系统正常运行时，人为模拟运行通道的 TV 断一相，对于自动-手动切换逻辑的调节器，由自动运行方式切换到手动运行方式，同时发出 TV 断线故障信号、自动方式退出信号、手动方式投入信号；对于双通道调节器，进行通道切换并仍保持自动方式运行，同时发出 TV 断线故障信号、调节器通道切换信号。双 TV 的励磁调节器在备用通道再次发生 TV 断线时应切换到手动方式运行，双通道调节器在备用通道 TV 断线故障时切到手动方式运行。当恢复被切断的 TV 后，励磁调节器的 TV 断线故障信号应复归，发电机保持稳定运行不变。

5. 评判标准及注意事项

TV 一相断线时，发电机电压应当基本不变；TV 两相断线时，机端电压超过 1.2 倍的时间不大于 0.5s。

3.11 V/Hz 限制试验

1. 试验目的

检查伏/赫兹限制动态特性。

2. 试验仪器

万用表、电量记录分析仪。

3. 试验条件

在发电机空负荷稳定工况下，励磁调节器以自动方式正常运行。

4. 试验内容

先将发电机转速和电压调节到额定值，在机组额定转速下降低 V/Hz 限制整定值，通过电压正阶跃试验检测限制功能的有效性，记录发电机电压、频率和 V/Hz 限制动作值，观察 V/Hz 限制信号是否正常发出。如发电机组转速可调范围允许，也可采用在原有的整定值下降低发电机频率的方法进行实测。水轮发电机应在额定电压下通过降低频率的方式进行试验。

5. 评判标准及注意事项

V/Hz 限制动作后运行稳定，限制特性（反时限和瞬时特性）符合整定值要求，V/Hz 实际限制值与设置的偏差不应超过额定值的 0.5%，动作延时时间与设置的偏差不应大于设置值的 10%。

试验时发电机电压控制在预定的最大值之内，转速控制在许可的最小值之上。试验时临时将发电机和主变压器过励磁保护只投信号不跳闸（或不投汽轮机、锅炉跳闸）。

3.12　过励限制试验

1. 试验目的

检查过励限制特性，包括过励限制功能、过励保护功能和强励瞬时限制等功能的动态性能。

2. 试验仪器

万用表、电量记录分析仪。

3. 试验条件

在发电机空负荷稳定工况下，励磁调节器以自动方式正常运行。

4. 试验内容

试验中为达到限制动作，宜采用降低过励反时限动作整定值和顶值电流瞬时限制整定值，或增大磁场电流测量值等方法。降低过励反时限动作整定值和顶值电流瞬时限制整定值后，在接近限制运行点进行电压正阶跃试验，观察磁场电流限制的动作过程，应快速而稳定。

5. 评判标准及注意事项

过励限制和顶值电流瞬时限制动作过程中，励磁电流调节快速平稳，同步发电机及励磁系统进行稳定，动作值与设置相符。

为防止过励限制试验过程中保护误动导致跳机，发电机-变压器组相关保护只投信号不跳闸（或不投汽轮机、锅炉跳闸）。

第4章

发电机并网后的励磁试验

4.1 励磁系统 PQ 测量校验

1. 试验目的

检查励磁调节器测量的有功功率、无功功率是否准确。

2. 试验仪器

相位表、万用表。

3. 试验条件

发电机并网带初始功率。

4. 试验内容

通过相位表、万用表测量发电机三相电压、电流大小及相位，计算有功功率、无功功率与励磁调节器中显示的有功功率、无功功率是否一致。将励磁调节器中显示的有功功率、无功功率与实际的有功功率、无功功率进行校准。

5. 评判标准及注意事项

励磁调节器中显示的有功功率、无功功率应与实际的有功功率、无功功率基本一致。

当励磁调节器中测量的有功功率为负值时，则有可能是 TA 极性反了。若确定 TA 极性反了，应调 TA 极性，不推荐采用励磁调节器软件（如对应的系数改为－1）调整 TA 极性的方法，建议采用直接调整 TA 二次回路的接线方式来调整 TA 极性。

4.2 通道切换及自动/手动方式切换试验

1. 试验目的

检查励磁调节器通道及运行方式的平稳切换情况。

2. 试验仪器

电量记录分析仪。

3. 试验条件

发电机并网带初始功率。

4. 试验内容

在发电机并网状态带负荷运行工况下，人工操作励磁调节器通道和控制方式切换试验，具体切换试验包括通道之间的切换，就地或远方控制方式下进行自动方式、手动方式之间的切换，观测记录机组机端电压、机端电流、励磁电压、励磁电流、有功功率和无功功率。

5. 评判标准及注意事项

发电机带负荷状态调节器处于自动跟踪状态，切换后无功功率稳态值的变化量小于10％额定无功功率。

在主界面观察两套调节器电压给定值相同、触发角度相同、机端电压实际值差别小于0.2％，可以进行主从切换。

4.3 电压静差率及电压调差率试验

1. 试验目的

电压静差率用于检验发电机负荷变化时励磁调节器对机端电压的控制准确度；电压调差率测定试验的目的是验证实际的无功调差率与设置的无功调差系数是否一致，调差极性是否与国家标准定义一致。

2. 试验仪器

电量记录分析仪。

3. 试验条件

发电机并网带负荷运行。

4. 试验内容

(1) 电压静差率测定：在额定负荷、无功电流补偿率为零的情况下测得机端电压 U_1 和 U_{ref1} 后，在发电机空负荷试验相同励磁调节器增益下测量给定值 U_{ref1} 对应的机端电压 U_0，然后按式（4-1）计算电压静差率

$$\varepsilon = \frac{U_0 - U_1}{U_N} \times 100\% \qquad (4\text{-}1)$$

式中　U_1——额定负荷下发电机的电压，kV；

　　　U_0——相同给定值下的发电机空负荷电压，kV；

　　　U_N——发电机额定电压，kV。

(2) 电压调差极性：发电机并网带一定负荷，保持励磁系统的电压给定值不变，设定一正的无功补偿系数（如设定无功补偿系数为 3%），机端电压随无功功率的增加而升高的定义为负调差，机端电压随无功功率的增加而降低的定义为正调差。

(3) 电压调差率测定：在功率因数为零、50%～100% 额定无功功率负荷下测得此时的发电机机端电压 U_t 和电压给定值 U_{ref}，在发电机空负荷试验中得到 U_{ref} 对应的发电机电压 U_{t0}，代入式（4-2）中求得电压调差率 D

$$D = \frac{U_{t0} - U_t}{U_{tN}} \times \frac{\delta_N}{Q} \times 100\% \qquad (4\text{-}2)$$

5. 评判标准及注意事项

励磁自动调节应保证发电机机端电压静差率小于 1%，此时汽轮发电机励磁系统的稳态增益一般不小于 200 倍，水轮发电机励磁

系统的稳态增益一般不小于 100 倍。

部分国外励磁调节器无功调差极性的定义与国家标准相反，但是无功调差的绝对值一致，少部分励磁调节器的无功调差率的计算仍以额定无功功率作为基准值，调差在数值上相差 $\sin\varphi$ 倍，在整定无功调差率时需特别注意。

4.4　发电机负荷阶跃响应试验

1. 试验目的

检验有、无电力系统稳定器 PSS 的有功功率振荡阻尼比。

2. 试验仪器

电量记录分析仪。

3. 试验条件

发电机有功功率大于 80% 额定有功功率，无功功率为 5%～20% 额定无功功率。调差系数整定完毕，所有励磁调节器整定完毕，机组保护、热工保护投入，机组 AGC、AVC 退出。

4. 试验内容

在自动电压调节器电压相加点加入 1%～4% 正阶跃，控制发电机无功功率不超过额定无功功率，发电机有功功率及无功功率稳定后切除该阶跃量，测量发电机有功功率、无功功率、磁场电压等的变化曲线；从有功功率的振荡曲线计算阻尼比。PSS 投入、退出的工况各做一次。

5. 评判标准及注意事项

发电机额定工况运行，阶跃量为发电机额定电压的 1%～4%，要求机组的有功功率阻尼比大于 0.1，波动次数不大于 5 次，调节时间不大于 10s。

在投入 PSS 的工况下，如果机组的阻尼比指标仍不满足以上

标准要求，需要重新进行机组的 PSS 参数整定试验。

4.5 励磁调节器低励限制校核试验

1. 试验目的

检验励磁调节器低励限制能否正确动作。

2. 试验仪器

电量记录分析仪。

3. 试验条件

励磁调节器在并网运行方式下运行。

4. 试验内容

低励限制单元投入运行，在一定的有功功率时，缓慢降低磁场电流使欠励限制动作，发出欠励限制动作报警信号，继续减磁无变化。

在低励限制曲线范围附近进行 $1\%\sim3\%$ 下阶跃扰动，阶跃过程中欠励限制应动作。欠励限制动作时发电机无功功率应无明显摆动。如果试验进相过多导致机端电压下降至 0.95（标幺值），则可考虑临时修改低励限制曲线。试验过程中应在严密监视厂用电压条件下进行试验。

5. 评判标准及注意事项

低励限制动作时，无功功率调节过程快速平稳；欠励限制动作后，发电机及励磁系统运行平稳，有功功率振荡阻尼比大于等于 3%，不同有功功率下，实际限制值与设置值的偏差在考虑机端电压修正后，不应大于同步发电机额定视在功率的 2%。

示例：某电厂欠励限制现场试验波形如图 4-1 所示，首先调整机组无功功率在略大于欠励限制设定值附近，然后进行 2% 的下阶跃，欠励限制动作，快速把机组无功功率限制到设定值运行，机组有功功率曲线振荡收敛。

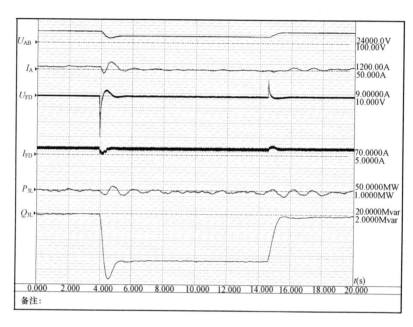

图 4-1   2‰下阶跃低励限制动作波形

4.6   功率柜均流试验

1. 试验目的

检验功率均流系数是否满足要求。

2. 试验仪器

无。

3. 试验条件

发电机的励磁电流达到额定励磁电流，或者发电机的功率达到额定功率、额定功率因数。

4. 试验内容

当功率整流装置输出为额定励磁电流时，测量各并联整流桥或每个并联支路的电流，计算功率柜的均流系数。

5. 评判标准及注意事项

功率整流装置的均流系数应不小于 0.9。均流系数为并联运行各支路电流平均值与支路最大电流之比。任意退出一个功率柜，其均流系数也要符合要求。

如果功率柜的均流系数不达标，应要求励磁厂家调整功率柜的相关均流控制参数，使得功率柜的均流系数满足标准要求。

4.7　甩无功负荷试验

1. 试验目的

故障情况下，发电机组与系统发生解列时，发电机组甩有功功率负荷，同时也甩无功功率负荷，此时发电机励磁电流远大于发电机空负荷额定励磁电流，发电机机端电压会产生过电压风险。甩无功功率负荷试验的目的是测试励磁调节器在发电机甩负荷时对发电机机端电压的控制能力，以确保发电机组的安全。

2. 试验仪器

电量记录分析仪、万用表。

3. 试验条件

发电机并网带额定有功负荷和无功负荷，做好试验录波准备。如果出现紧急状况，应立刻解列灭磁。若 PSS 试验已完成，投入 PSS 功能，否则退出 PSS 功能。

4. 试验内容

发电机带额定有功功率负荷，带额定无功功率负荷，断开发电机出口断路器，突甩负荷，对发电机机端电压进行录波，测录发电机电压最大值。

一般，对于水轮发电机组，采用甩额定无功功率试验，检验发电机的过电压水平更严苛；对于汽轮发电机组，采用甩额定容量试验，检验发电机过电压水平更严苛。

受现场试验条件的限制，发电机组的机端电压已经到105％以上，仍无法满足额定无功功率的条件，则可以在机组额定有功功率下按照额定功率因数进行甩负荷试验。

某600MW火电机组甩负荷试验波形如图4-2所示。

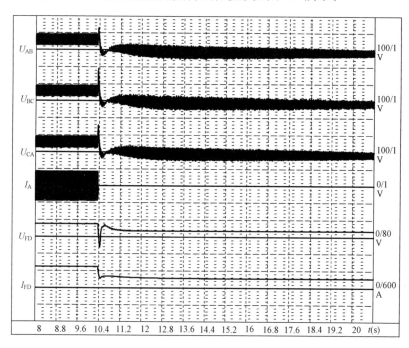

图 4-2　某600MW火电机组甩负荷试验波形

5. 评判标准及注意事项

发电机甩额定无功功率时，机端电压出现的最大值应不大于甩前机端电压的1.15倍，振荡不超过3次。

第 5 章

涉 网 试 验

5.1 发电机励磁系统参数辨识试验

发电机励磁控制系统对电力系统的静态稳定、动态稳定和暂态稳定性都有显著的影响。在电力系统稳定计算中采用不同的励磁系统模型和参数，其计算结果会产生较大的差异。因此需要能正确反映实际运行设备运行状态的数学模型和参数，使得计算结果真实可靠。

随着我国电力系统全国联网和西电东送工程的实施，电网规模及结构日趋复杂，新的稳定导则对电力系统稳定计算提出了更高的要求，要求采用精确发电机模型和实际的励磁系统模型与参数。

通过对电网典型主力机组的发电机、励磁和调速系统模型和参数进行测试，为系统稳定分析及电网日常生产调度提供准确的计算数据，是保证电网安全运行和提高劳动生产率的有效措施，具有重要的社会意义和经济效益。

5.1.1 试验目的

（1）试验实测励磁控制系统的模型与参数，确认励磁控制系统模型，检验厂家提供的数学模型及其参数是否与实际相符，是否满足标准的要求。

（2）试验实测发电机模型部分参数，获取较精确的发电机模型参数；实测交流励磁机模型参数，建立交流励磁机仿真计算模型。

（3）试验获得发电机空负荷阶跃响应特性，检验励磁系统动态性能是否满足相关标准的要求，为建模仿真校核提供依据。

（4）试验检验励磁系统的设计、整定和总体性能是否满足相关标准要求，是否满足并网发电的要求。

5.1.2 试验仪器

根据现场试验的经验，开展发电机励磁系统模型参数辨识试验一般需要表 5-1 所示的试验仪器。

表 5-1　　　　　　　　　　试验使用的仪器设备

序号	仪器设备名称	设备功能	测量范围	不确定度/准确度
1	电量记录分析仪	录波、时域分析	AC/DC 电压：0～1500V；AC/DC 电流：0～10A	0.2%
2	数字万用表	测量	AC/DC 电压：0～1000V；AC/DC 电流：0～10A	AC 电压：0.4%（真有效值）；DC 电压：0.025%
3	动态信号分析仪	频域分析	输入：±10V；输出：±10V	0.1%

5.1.3 试验组织

具有资质的试验单位负责试验的具体实施，包括方案、报告的编写、提供测试仪器、进行具体测试等。

调度机构负责按照试验方案及进度进行调度，并做好系统安全稳定运行方面的安全措施。

电厂负责按照试验方案进行配合，执行有关的运行和监视与试验操作，提供测量点，按照试验要求将有关电气量接入测试设备，提供所需要的技术资料等条件，并做好有关运行设备的安全措施和事故预想。电厂协调励磁调节器厂家到场配合励磁调节器的有关操作。

作为一项重要的安全措施，要求发电机过电压保护定值试验前设为 115V（额定电压的 115%），0s 动作仅跳灭磁开关（不联跳汽轮机、锅炉），试验结束后恢复。

5.1.4 励磁模型静态试验

试验条件：发电机停机状态下，励磁调节器控制电源上电。

试验方法：通过励磁调节器的 A/D 环节将动态信号分析仪产生的噪声信号引入到励磁调节器控制环参与计算，计算结果再通过励磁调节器的 D/A 环节送出至信号分析仪，测量励磁调节器控制环 PID 和 PSS 模型的频谱特性。由于励磁系统模型复杂、阶数较多，直接辨识多阶模型存在多值问题，因此，在辨识励磁系统多阶模型时，通过调整内部参数设置的办法进行降阶处理，通常降为一阶超前滞后环节或者单个 PID 环节后再进行测量，提高辨识结果的准确性。

1. PID 的 AD/DA 环节的频谱辨识

为了辨识励磁系统的模型和参数，引入了励磁调节器的 AD 和 DA 环节，动态信号分析仪辨识得到的模型为 AD 模型＋励磁系统控制环模型＋DA 模型，需要减掉 AD 模型＋DA 模型，得到励磁系统控制环模型，因此，首先需要辨识得到 AD/DA 环节的模型参数。

励磁调节器采集频谱分析仪输出的白噪声信号并作为被测量环节的输入信号，该环节的输出（实际为离散计算结果）用 DA 输出到频谱分析仪。

励磁调节器 AD 环节将动态信号分析仪发出的噪声信号引入到励磁调节器，励磁调节器内部将此信号直接关联 DA 环节送出，测量 AD＋DA 环节的频谱特性。测试时需要设定合适的 AD 及 DA 的变比，并在随后的测试中固定不变作为基准。若在励磁调节器内部 AD 环节与 DA 环节不能直接连接，必须通过控制环（如 PID 或者 PSS 控制环）才能关联到 DA 环节输出，则应将控制环 PID 或 PSS 环节设置为直通，即等效模型为 1，等效测量 AD＋DA 环节的幅频特性和相频特性。

2. 主控制 PID 环的频谱辨识

励磁调节器采集频谱分析仪输出的白噪声信号并作为被测量环节的输入信号，该环节的输出（实际为离散计算结果）用 DA 输出到频谱分析仪。

设置主控制 PID 参数，仅保留控制环的单个环节（如纯比例放大倍数环节或者一阶超前滞后环节）来降低主控制 PID 环的阶数。对于并联 PID 模型，可设置积分环节和微分环节增益为 0，仅保留比例环节；对于串联 PID 模型，可设置其他超前滞后环节的时间常数相等，仅保留待辨识的一阶超前滞后环节。用频谱分析仪测量主控制 PID 环的幅频特性和相频特性，测试结果减掉 AD＋DA 环节的幅频特性和相频特性即可得到待辨识环节的幅频特性和相频特性。

依次分步辨识主控制 PID 环的积分、微分、其他超前滞后环节。

根据厂家提供的模型与辨识结果对比的方式，确定励磁系统的实际数学模型和参数。

3. PSS 的各控制环节频谱辨识

励磁调节器采集频谱分析仪输出的白噪声信号并作为被测量环节的输入信号，该环节的输出（实际为离散计算结果）用 DA 输出到频谱分析仪。

用同样的方法对 PSS 模型进行降阶分步辨识，依次辨识 PSS 的隔直环节、惯性环节、低通滤波环节、比例放大倍数、超前滞后环节、斜波函数环节等。用频谱分析仪测量 PSS 模型的幅频特性和相频特性，测试结果减掉 AD＋DA 环节的幅频特性和相频特性即可得到待辨识环节的幅频特性和相频特性。

根据厂家提供的模型与辨识结果对比的方式，确定励磁系统的PSS 数学模型和参数。

5.1.5　励磁模型动态试验

1. 交流励磁机空负荷特性测量

试验条件：发电机维持额定转速，发电机灭磁开关断开，在灭磁开关进线端接入 $1\sim2k\Omega$、0.5A 左右的电阻。

试验方法：断开交流励磁机与发电机转子绕组之间的连接（一般为发电机灭磁开关），可直接测量交流励磁机的电枢电压，也可间接测量交流励磁机的电枢电压，在与交流励磁机电枢绕组连接的二极管整流器输出上并联 $1\sim2k\Omega$、0.5A 左右的电阻，电阻上的直流电压为 1.35 倍的交流励磁机电枢电压（有效值）。逐渐改变励磁机磁场电流，测量交流励磁机电枢电压（或者测量整流后在电阻上的电压）上升及下降特性曲线。试验时测量励磁机磁场电压、磁场电流、交流输出电压及整流电压，试验时的最大整流电压可取励磁系统顶值电压。

2. 交流励磁机空负荷时间常数测量

试验条件：发电机维持额定转速，发电机灭磁开关断开，在灭磁开关进线端接入 $1\sim2k\Omega$、0.5A 左右的电阻。

试验方法 1：使用电厂的手动备用励磁柜作为阶跃电源，投入手动备用励磁柜，调节交流励磁机输出电压（整流后）到额定电压 U_{fN0}，手动跳开手动备用励磁柜的输入侧电源开关，交流励磁机的励磁电流通过手动备用励磁柜内的大功率二极管续流自然衰减，用电量记录分析仪测录交流励磁机输出电压的下降曲线，计算交流励磁机空负荷时间常数。

试验方法 2：励磁调节器运行在"定角度方式"，采用突然改变励磁调节器触发脉冲的方法，在交流励磁机转子侧产生阶跃电源，用电量记录分析仪测录交流励磁机输出电压的上升或者下降曲线，计算交流励磁机空负荷时间常数。

3. 发电机空负荷特性、交流励磁机负荷特性试验

试验条件：发电机维持额定转速，灭磁开关合上。

试验方法：励磁调节器工作在手动方式，或者使用手动备用励磁柜，从零开始单方向升高发电机电压至 1.05 倍额定电压，然后再单方向降发电机电压到零，测量并记录交流励磁机励磁电压、交流励磁机励磁电流和发电机定子电压、发电机励磁电压、发电机励磁电流。

对于自并励系统，则励磁调节器需要工作在他励方式，需要电厂更改励磁变压器高压侧的接线方式为由外部临时电源向励磁变压器供电，将励磁变压器高压侧与分支母线连接临时断开并可靠隔离，选厂内 6kV（或者 10kV，有些水电厂的厂用电电压为 10kV）备用开关柜，从备用开关柜引接 6kV 高压电缆接至励磁变压器高压侧。励磁调节器工作在他励手动方式，从零开始单方向升高发电机电压至 1.05 倍额定电压，然后再单方向降发电机电压到零，记录发电机定子电压、励磁电压、励磁电流。

4. 励磁系统比例放大倍数测量

试验条件：发电机维持额定转速，使用自动励磁方式。将励磁调节器 PID 仅保留纯比例环节，并将比例增益设置为正常值的 1/3 左右，其他积分环节、微分环节、超前滞后环节全部退出，作为一项安全措施，可临时调整励磁调节器的最小触发角限制定值为空负荷 1.05% 额定电压对应的实测触发角（可参考发电机空负荷试验结果确认 105% 额定电压对应的实测触发角）。

试验方法：检查自动励磁调节器输出为零后，用自动励磁调节器缓慢增加励磁电流，调整发电机电压从 0 上升到 100% 额定电压，测录发电机定子电压、发电机转子电压、发电机转子电流、交流励磁机励磁电压（若有交流励磁机）、交流励磁机励磁电流（若有交流励磁机），同时记录调节器内部给定电压、定子测量电压、测量励磁电流、控制电压和控制角等内部变量，从而计算励磁控制系统内部各比例环节放大倍数及功率柜等效放大倍数。

励磁调节器输出值 V_{avr_out} 计算公式

$$V_{\text{avr\_out}} = U_{\text{FD}} + K_{\text{C}} I_{\text{FD}}$$

比例放大倍数计算公式

$$K_{\text{P}} = \frac{\Delta V_{\text{avr\_out}}}{\Delta(U_{\text{ref}} - U_{\text{AB}})}$$

5. 发电机空负荷转子时间常数试验

试验条件：发电机维持额定转速，参数恢复运行参数。

试验方法：

（1）对于三机励磁系统，在发电机100％空负荷额定电压条件下，励磁调节器逆变灭磁，灭磁开关不跳开（可强制断开灭磁开关的操作电源，保持灭磁开关处于合位置），用电量记录分析仪测录发电机电压下降的曲线，计算发电机转子时间常数。

（2）对于自并励励磁系统，励磁调节器需要工作在他励方式，需要电厂更改励磁变压器高压侧的接线方式为由外部临时电源向励磁变压器供电，将励磁变压器高压侧与分支母线连接临时断开并可靠隔离，选厂内6kV（或者10kV，有些水电厂的厂用电电压为10kV）备用开关柜，从备用开关柜引接6kV高压电缆接至励磁变压器高压侧。励磁调节器运行在"定角度方式"，采用突然改变励磁调节器触发脉冲的方法，使发电机转子电压阶跃，用电量记录分析仪测录发电机电压上升、下降的曲线，计算发电机转子时间常数。

对于不能运行在"定角度方式"的自并励系统，首先更改励磁系统接线方式，让励磁系统工作在他励方式，然后升高发电机电压至100％空负荷额定电压，保持灭磁开关在合位（可采取断开灭磁开关控制电源的方式），手动跳开励磁变压器高压侧连接的他励电源开关，励磁调节器继续发触发脉冲，在半个周波的时间内，功率柜晶闸管出现上下桥臂同时导通的情况，让发电机的励磁电流通过晶闸管同时导通的上下桥臂自然衰减，用电量记录分析仪测录机端电压下降曲线，计算发电机转子时间常数。

6. 空负荷大干扰阶跃试验

试验条件：发电机维持额定转速，使用自动励磁方式，恢复励磁系统的运行参数。

试验方法：自动励磁调节器调整发电机电压为 60％额定电压左右，进行 30％～40％阶跃（上、下）试验，让励磁调节器在阶跃的瞬间工作在最大或者最小触发角，用电量记录分析仪测录发电机机端电压、转子电压和电流以及交流励磁机励磁电压、励磁电流。通过实测的晶闸管阳极电压和最大、最小励磁电压，计算得到励磁调节器最大、最小输出触发角 α_{max}、α_{min}。

7. 发电机空负荷 1％～5％小干扰阶跃试验

试验条件：发电机维持额定转速，使用自动励磁调节器试验，对于自并励机组，恢复自并励接线方式。

试验方法：检查自动励磁调节器输出为零后，合上自动励磁开关，用自动励磁调节器调整发电机电压为 95％额定电压，进行 1％～5％阶跃（上、下）试验，用电量记录分析仪测录发电机电压、转子电压和电流。通过 AVR 调试工具记录定子电压、转子电流、给定值，控制电压或控制角的变化情况。阶跃量的大小要求控制在 AVR 中所有的限幅、限制器均不动作的范围内。

根据实测电压曲线，分析励磁调节器的动态性能指标，如超调量、上升时间、峰值时间、调节器时间等，检验励磁调节器的动态性能是否满足标准要求。

5.1.6　励磁系统模型计算

1. 发电机励磁回路的模型参数计算

（1）发电机励磁电流的基准值 I_{FDB}：选取发电机空负荷特性曲线气隙线上与发电机额定电压相对应的发电机励磁电流为发电机励磁电流的基准值。

（2）发电机励磁回路电阻的基准值 R_{FDB}：选取发电机铭牌额

定励磁电压与额定励磁电流之比，作为发电机励磁回路电阻的基准值，即 $R_{FDB} = U_{FDN}/I_{FDN}$。

需要说明的是，有些发电机组未提供额定励磁电压和额定励磁电流参数，或者有些发电机铭牌额定励磁电压和额定励磁电流存在较大偏差，计算得到了发电机励磁回路电阻基准值 R_{FDB} 明显和实际不符，有时会远远超出空负荷实测的发电机励磁回路电阻值 R_{FD0} $= U_{FD0}/I_{FD0}$（U_{FD0}、I_{FD0} 分别为空负荷额定励磁电压、空负荷额定励磁电流），往往需要根据 R_{FD0} 等效计算发电机励磁回路电阻基准值 R_{FDB}，计算公式如下

$$U_{FDB} = U_{FD0} \times \frac{C + t_1}{C + t_0}$$

式中　C——发电机转子绕组材料温度系数的倒数，紫铜材料，C $= 234.5℃$；

　　　t_0——现场试验时的转子绕组温度，℃；

　　　t_1——发电机额定工况下转子绕组温度，℃，通常 t_1 取 75℃。

（3）发电机励磁电压的基准值 U_{FDB}
$$U_{FDB} = R_{FDB} \times I_{FDB}$$

（4）根据发电机空负荷特性可计算饱和系数 S_G。从发电机空负荷曲线得到气隙线上对于额定定子电压的励磁电流 $I_{FDB1.0}$、空负荷曲线上对于额定定子电压的励磁电流 $I_{FD01.0}$，计算发电机额定电压下的饱和系数 $S_{G1.0}$
$$S_{G1.0} = (I_{FD01.0} - I_{FDB1.0})/I_{FDB1.0}$$

从发电机空负荷曲线得到气隙线上对于 1.2 倍额定定子电压的励磁电流 $I_{FDB1.2}$、空负荷曲线上对于 1.2 倍额定定子电压的励磁电流 $I_{FD01.2}$，计算发电机 1.2 倍额定电压下的饱和系数 $S_{G1.2}$
$$S_{G1.2} = (I_{FD01.2} - I_{FDB1.2})/I_{FDB1.2}$$

2. 不可控（相控）三相全波整流桥换相电抗计算

对于采用交流励磁机的三机励磁系统，交流励磁机前的相控三相全波整流桥换相电抗系数忽略不计，交流励磁机后的不可控三相全波整流桥换相电抗系数计算如下

$$K_{\mathrm{C}} = \frac{3\sqrt{3}}{\pi} \times \frac{X''_{\mathrm{de}} + X_{2\mathrm{e}}}{2} \times \frac{1}{R_{\mathrm{FDB}}} \times \frac{U_{\mathrm{N}}^2}{S_{\mathrm{N}}} \tag{5-1}$$

式中　S_{N}、U_{N}——交流励磁机的额定视在功率、额定电压；

　　　X''_{de}、X_2——交流励磁机的次暂态电抗和负序电抗；

　　　R_{FDB}——发电机励磁绕组基准电阻。

对于自并励励磁系统，相控三相全波整流桥换相电抗系数计算如下

$$K_{\mathrm{c}} = \frac{3}{\pi} \times \frac{X_{\mathrm{T}}}{R_{\mathrm{FDB}}} \times \frac{U_{\mathrm{N}}^2}{S_{\mathrm{N}}} \tag{5-2}$$

式中　S_{N}、U_{N}——励磁变压器二次侧的额定视在功率、额定电压；

　　　X_{T}——励磁变压器的短路阻抗；

　　　R_{FDB}——发电机励磁绕组基准电阻。

3. 交流励磁机励磁回路的模型参数计算

交流励磁机数学模型如图 5-1 所示。由交流励磁机的空负荷、负荷特性曲线可确定交流励磁机励磁回路的计算基值和模型参数。

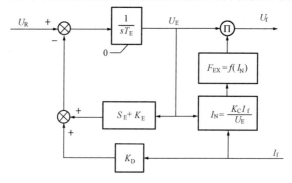

图 5-1　交流励磁机及不控全波整流等效模型

（1）自励系数 K_E：交流励磁机绝大多数为他励式励磁机，因此，$K_E = 1.0$。

（2）交流励磁机励磁电流的基准值 I_{LDB}：交流励磁机空负荷特性气隙线上产生一个标幺值的发电机转子电压 U_{FDB} 时所需交流励磁机励磁电流。

（3）交流励磁机励磁回路电阻的基准值 R_{LDB}：选取交流励磁机铭牌额定励磁电压 U_{LDN} 与额定励磁电流 I_{LDN} 之比，作为交流励磁机励磁绕组电阻的基准值，即 $R_{LDB} = U_{LDN} / I_{LDN}$。

（4）交流励磁机励磁电压的基准值 U_{LDB}：$U_{LDB} = R_{LDB} \times I_{LDB}$。

（5）根据交流励磁机空负荷特性可计算模型需要的饱和系数 S_E：从主励磁的空负荷特性曲线可得空负荷气隙线上对于 2 倍发电机额定转子电压的交流励磁机励磁电流 I_{LDBE1}、气隙线上对于 1.5 倍发电机转子额定电压的交流励磁机励磁电流为 I_{LDBE2}，以及空负荷特性曲线上对于 2 倍发电机额定转子电压的交流励磁机励磁电流 I_{LD0E1}、空负荷特性曲线上对于 1.5 倍发电机额定转子电压的交流励磁机励磁电流 I_{LD0E2}，则饱和系数分别如下

$$S_{E1} = S_{Emax} = (I_{LD0E1} - I_{LDBE1}) / I_{LDBE1}$$

$$S_{E2} = S_{0.75Emax} = (I_{LD0E2} - I_{LDBE2}) / I_{LDBE2}$$

（6）交流励磁机的负荷电流去磁作用系数 K_D：在交流励磁机空负荷特性和负荷特性曲线上，对应于任意接近发电机转子电压基准值的同一输出电压，相应的励磁机的励磁电流分别为 I_{fda} 和 I_{fdb}，则有

$$K_D = \frac{I_{fdb}}{I_{fda}} - 1 - \frac{K_C}{\sqrt{3}} \tag{5-3}$$

4. 励磁调节器最大输出电压 U_{Rmax} 和最小输出电压 U_{Rmin}

对于自并励励磁系统，根据最大、最小触发角计算如下

$$U_{Rmax} = 1.35U_N\cos\alpha_{min}/U_{FDB} \qquad (5-4)$$

$$U_{Rmin} = 1.35U_N\cos\alpha_{max}/U_{FDB} \qquad (5-5)$$

对于三机励磁系统，根据最大、最小触发角计算如下

$$U_{Rmax} = 1.35U_N\cos\alpha_{min}/U_{LDB} \qquad (5-6)$$

$$V_{Rmin} = 1.35U_N\cos(\alpha_{max})/U_{LDB} \qquad (5-7)$$

式中　　U_N——副励磁机额定电压或者励磁变压器二次侧的额定
电压；

U_{FDB}——发电机励磁电压的基准值；

U_{LDB}——交流励磁机励磁电压的基准值。

5.1.7　BPA 稳定计算用励磁系统数学模型选择

在设备厂商提供的励磁系统资料基础上，按照励磁系统的实际功能块组成来构建励磁系统数学模型——初始模型。由于可能存在未标明的模块、算法误差、硬件的非理想特性误差等，初始模型与实际系统存在偏差。故需要通过进行励磁系统参数实测及辨识，在初始模型的基础上进行模型和参数的补充与修正，建立与实际励磁系统特性一致的励磁系统数学模型——实测模型，它是可以比较精确地反映励磁系统实际特性的模型。

由于实际励磁系统的控制器形式较多，在指定计算程序中可能未选择到与其结构完全一致的计算模型。若指定计算程序存在与实测模型结构完全一致的模型，则可以得到精确计算模型；若指定计算程序存在与实测模型结构基本一致的模型，则经过数学变换可以得到等同计算模型；若无法在选用的计算程序中选择与实测模型结构基本一致的模型，则选择与实际模型结构最为接近的模型，并通过参数调整使其特性与试验结果基本一致，由此得到近似计算模型。

实际工作中，往往需要对励磁调节器的模型进行等效转换，转换到与 BPA 的模型库中的模型一致，具体案例如下：

示例 1：某电厂西门子 SIMADYN-D 型励磁调节器。

根据励磁系统的组成、励磁调节器制造厂家提供的控制原理和逻辑，某电厂励磁系统辨识得到的磁调节器 PID 数学模型如图 5-2 所示。

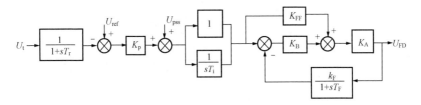

图 5-2　某电厂西门子 SIMADYN－D 型励磁系统实测模型

调节器整定运行参数如下：

$$K_P = 20, T_i = 0.4s, K_B = 1, K_{FF} = 1,$$

$$k_F = 1/638 = 0.001\,567, T_F = 0.02s$$

等效的数学表达式为

$$K_P \times \left(1 + \frac{1}{sT_i}\right) \times \frac{(K_B + K_{FF})K_A}{1 + K_A k_F K_B} \times \frac{1 + sT_F}{1 + s \cdot \dfrac{T_F}{1 + K_A k_F K_B}}$$

代入运行参数及励磁系统稳态比例放大倍数的实测结果 $K_A = 6.29$，可得实测励磁系统的数学表达式为

$$20 \times \left(1 + \frac{1}{0.4s}\right) \times 6.29 \times \frac{1 + 0.02s}{1 + 0.01s}$$

转换到 BPA 程序的 FV 型自并励静止励磁系统模型的参数如下：$K = 20$，$K_v = 0$，$T_1 = 0.4s$，$T_2 = 0.4s$，$T_3 = 0.02s$，$T_4 = 0.01s$，$K_A = 6.29$，$T_A = 0.005s$（数值太小会影响程序的计算速度），$k_F = 0$。

值得注意的是：PSS 的叠加点 U_{PSS} 并不是调节器给定值（U_{ref}）点，而是在比例环节 K_P 之后，因此，在建模时须对 PSS 的放大倍数进行折算：$K'_{PSS} = K_{PSS}/K_P$。

示例 2：某电厂日本三菱 MEC5000 型励磁调节器。

由频域、时域测量方法得到的实测模型如图 5-3 所示。

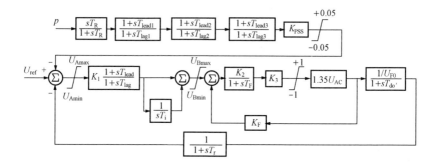

图 5-3　某电厂日本三菱 MEC 5000 型励磁系统实测模型

其中 PSS 环节的模型为

$$\frac{sT_R}{1+sT_R} \times \frac{1+sT_{lead1}}{1+sT_{lag1}} \times \frac{1+sT_{lead2}}{1+sT_{lag2}} \times \frac{1+sT_{lead3}}{1+sT_{lag3}} \times K_{PSS}$$

PSS 试验已完成，整定参数如下：

$T_R = 1.5s$，$T_{lead1} = 0.12s$，$T_{lag1} = 4.0s$，$T_{lead2} = 0.24s$，$T_{lag2} = 4.0s$，$T_{lead3} = 0.8s$，$T_{lag3} = 0.04s$，$K_{PSS} = 9.0$。

PID 主控制环的模型为

$$K_1 \times \frac{1+s \cdot T_{lead}}{1+s \cdot T_{lag}} \left(1 + \frac{1}{sT_i}\right)$$

调节器 PID 环节的整定运行参数如下：

$K_1 = 107.2$，$T_{lead} = 0.47s$，$T_{lag} = 1.54s$，$T_i = 20s$，$T_r = 0.01s$

功率单元的模型如图 5-4 所示。

由于其励磁电压的反馈是取实际电压值进行运算的，而不像

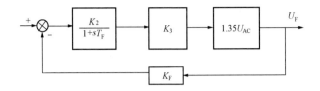

图 5-4 某电厂日本三菱 MEC5000 型励磁功率单元的模型

BPA 模型中的励磁电压反馈取标幺值进行运算，因此，此模型需要进行转化，等效后图 5-4 功率单元的数学表达式为

$$\frac{K_2 \cdot K_3 \cdot 1.35 \cdot U_{AC}}{1 + K_F \cdot K_2 \cdot K_3 \cdot 1.35 \cdot U_{AC} + sT_F}$$

调节器设定参数为 $K_2 = 7$，$K_3 = 0.2$，$T_F = 0.2s$，$K_F = 0.003\ 7$（内部计算参数）。

在发电机额定机端电压时，励磁变压器低压侧额定电压为 860V，即 $U_{AC} = 860V$，此时，功率单元的数学表达式可简化为

$$\frac{7 \times 0.2 \times 1.35 \times 860}{1 + 0.003\ 7 \times 7 \times 0.2 \times 1.35 \times 860 + s \cdot 0.2} = \frac{232.2}{1 + s \cdot 0.028}$$

折算到标幺值系统为

$$\frac{232.2}{1 + s \cdot 0.028} / 126 = \frac{1.84}{1 + s \cdot 0.028}$$

即功率单元的模型对应 BPA 励磁系统 FV 模型中的参数为 $K_A = 1.84$，$T_A = 0.028s$，$K_F = 0$，$K = 107.2$，$K_v = 0$，$T_1 = 20s$，$T_2 = 20s$，$T_3 = 0.47s$，$T_4 = 1.54s$。

目前应用较广的电力系统常用机电暂态仿真计算程序 BPA 含有的励磁系统典型模型如图 5-5 和图 5-6 所示。

对应 BPA 仿真程序中，需要填写的模型卡及模型参数如表 5-2～表 5-4 所示。

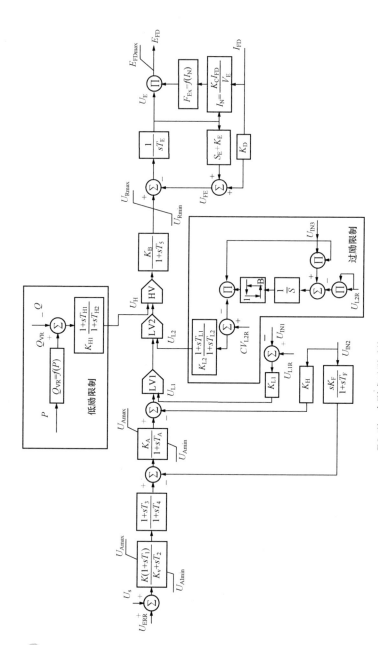

FQ 型：有刷或无刷系统，U_{IN1}、U_{IN2}、U_{IN3} 为 U_{FE}；

FR 型：有刷系统，U_{IN1}、U_{IN2} 为 E_{FD}，U_{IN3} 为 I_{FD}。

图 5-5　常用三机励磁系统 BPA 模型

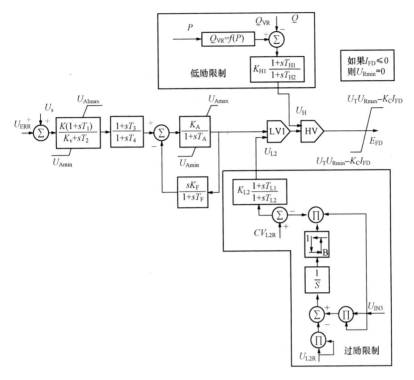

图 5-6　常用自并励励磁系统 BPA 模型 FV 卡

表 5-2　　　　　　　　FQ 型励磁系统模型参数表

参数名称	实测值
调节器输入滤波器时间常数 T_r（s）	
负荷补偿之无功分量 X_c（标幺值）	
调节器最大内部电压 U_{Amax}（标幺值）	
调节器最小内部电压 U_{Amin}（标幺值）	
电压调节器超前时间常数 T_1（s）	
电压调节器滞后时间常数 T_2（s）	
电压调节器超前时间常数 T_3（s）	
电压调节器滞后时间常数 T_4（s）	
电压调节器增益 K_A（标幺值）	

续表

参数名称	实测值
电压调节器增益 K（标幺值）	
电压调节器增益 K_v（标幺值）	
电压调节器滞后时间常数 T_A（s）	
电压调节器最大输出电压 U_{Rmax}（标幺值）	
电压调节器最小输出电压 U_{Rmin}（标幺值）	
换相电抗的整流器负荷因子 K_C（标幺值）	
调压器稳定回路增益 K_F（标幺值）	
励磁机电流反馈增益 K_H（标幺值）	
第二级调节器增益 K_B（标幺值）	
第二级调节器时间常数 T_5（s）	
励磁机自励磁系数 K_E（标幺值）	
励磁机时间常数 T_E（s）	
最大励磁电压处的励磁机饱和系数 S_{E1}	
75%最大励磁电压处的励磁机饱和系数 S_{E2}（标幺值）	
去磁因子 K_D（标幺值）	
励磁机励磁电流限值增益 K_{L1}（标幺值）	
励磁机电流限制 U_{L1R}（标幺值）	
最大励磁电压 U_{FDmax}（标幺值）	

表 5-3 　　　　　　　　　**发电机 M 卡**

参数名称	参数值
发电机母线电压（kV）	
电机额定容量	
电机功率因数	
直轴暂态电抗 X''_d（s）	
交轴暂态电抗 X''_q（s）	
直轴次暂态时间常数 T''_{d0}（s）	
交轴次暂态时间常数 T''_{q0}（s）	

表 5-4　　　　　　　　　　　发电机 MF 卡

参数名称	参数值
电机母线电压（kV）	
发电机动能（MW・s）	
电机标幺参数基准容量	
直轴暂态电抗 X_{dp}（标幺值）	
交轴暂态电抗 X_{qp}（标幺值）	
直轴不饱和同步电抗 X_d（标幺值）	
交轴不饱和同步电抗 X_q（标幺值）	
直轴暂态开路时间常数 T_{dop}（s）	
交轴暂态开路时间常数 T_{qop}（s）	
定子漏抗（标幺值）	
额定电压时电机饱和系数	
1.2 倍额定电压时电机饱和系数	

5.1.8　试验与仿真评判标准

1. 试验结果评判标准

标准《大型汽轮发电机励磁系统技术条件》（DL/T 843—2010）第 5.10 对发电机空负荷阶跃响应特性要求如下：

（1）阶跃扰动量不使励磁系统进入非线性区域，一般为 5%。

（2）自并励静止励磁系统的电压上升时间不大于 0.5s，振荡次数不超过 3 次，调节时间不超过 5s，超调量不大于 30%。

（3）交流励磁机励磁系统的电压上升时间不大于 0.6s，振荡次数不超过 3 次，调节时间不超过 10s，超调量不大于 40%。

标准《大中型水轮发电机静止整流励磁系统及装置技术条件》（DL/T 583—2006）4.2.8 对发电机空负荷阶跃响应特性要求如下：空负荷±10%阶跃响应，电压超调量不大于额定电压的 10%，振荡次数不超过 3 次，调节时间不大于 5s。

2. 仿真结果评判标准

根据标准《同步发电机励磁系统建模导则》（DL/T 1167—2012）和《南方电网同步发电机励磁系统参数实测与建模导则》（QCSG 114003—2011），励磁系统建模仿真过程和要求如下：

（1）根据试验结果，在指定的电力系统稳定计算分析程序上建立励磁系统模型、发电机模型。

（2）建立一单机无限大母线系统——外电抗为发电机同步电抗的 100 倍或更大，调整潮流使发电机运行于与试验工况相同的空负荷状态，对所建立的励磁系统模型和参数进行一次阶跃响应仿真计算，阶跃量与现场试验时相同。

（3）仿真结果与现场试验实测结果的各个性能指标的偏差允许值见表 5-5。

表 5-5　　　　　　　　　仿真与实测的偏差允许值

品质参数	参数范围	偏差允许值
T_r	全部	$\pm 0.1s$
t_P	$0\sim 0.5s$	$\pm 0.1s$
	$>0.5s$	$\pm 0.2s$
M_P	$0\sim 10\%$	$\pm 5\%$
	$>10\%$	$\pm 0.5M_P$
N（可选项）	全部	$\leqslant 1$
T_s（可选项）	全部	$\pm 2s$

（4）现场试验实测结果和仿真计算结果的差异较大时，可以适当调整实际可能产生偏差的数据，如励磁机时间常数、励磁系统总的静态增益、励磁机励磁绕组电阻值、由纯延时特性推出的等效惯性环节时间常数参数等；仿真采用发电机额定负荷下的励磁系统模型参数，而实测结果为发电机空负荷下的响应，有时需要考虑因此引起仿真与实测的偏差。

5.2 发电机电力系统稳定器（PSS）
参数现场整定试验

随着电网的扩大、输电距离的增加，以及快速励磁系统与快速励磁调节器的应用，电网的小干扰稳定性减弱，不少电力系统出现了联络线低频功率振荡。20 世纪 60 年代美国西部系统在运行中发生了低频功率振荡，造成联络线过电流掉闸，其后欧洲、日本等也多次发生输电线功率低频振荡的事例，引起了各国对这一问题的普遍重视。南方电网区域通过交直流线路互联，振荡模式复杂，在机组未配置电力系统稳定器（PSS）前也发生过多起低频振荡事件，动态稳定问题一直受到关注。

PSS 从 20 世纪 60 年代投入使用至今，一直是解决电力系统低频振荡的有效而又经济的重要手段，有利于提高电力系统的动态稳定性。1984 年广东—九龙联络线发生低频振荡，频率为 0.45Hz，在九龙机组投入 PSS 后解决；1995 年大亚湾电厂 900MW 机组跳闸，引起广东至广西联络线振荡解列，原因之一是广西电厂 PSS 未投入。因此，PSS 既成为国际大电网会议首推的低频振荡抑制措施，也是国内电网解决动态稳定问题的首选。正确投入 PSS 是国内电网并网安全性评价的要求，也是挂网发电企业应尽的义务。机组安装或投入经过合适整定的 PSS，对于抑制相关的机电振荡模式、减小有关线路的功率振荡幅值、提高机组的抗扰动能力、改善电网的动态稳定性具有显著的效果和重要的现实意义。

5.2.1 PSS 基本原理

PSS 一般以励磁调节器恒电压控制环附加控制的形式出现。PSS 输出的附加控制信号叠加到励磁系统电压参考指令或者 PID 输出处，经过励磁调节器的功率柜放大之后产生附加力矩，抑制同步电机的功率振荡。其输入变量可以是转速、频率或功率（或多个变量的综合)。根据测得的励磁系统无补偿特性,按照预先设计的PSS 环节相位补偿特性,初选 PSS 参数。目标是在低频振荡的频率范围内,使 PSS 产生的附加力矩向量 $\boldsymbol{T}_e$ 对应 $\Delta\omega$(转速)轴在超前 10°至滞后 45°以内,并使本机振荡频率力矩向量对应 $\Delta\omega$(转速)轴在 0°至滞后 30°以内。PSS 输入信号(转速 ω、电气功率 P_m 或机械功率 P_m)与 $\Delta\omega$ 的相位关系如下:转速 ω 和频率 f 与 $\Delta\omega$ 轴同相,电气功率 P_e 滞后 $\Delta\omega$ 轴 90°,机械功率 P_m 领先 $\Delta\omega$ 轴 90°。根据不同的输入信号,PSS 环节相位补偿特性的相位 φ_{PSS} 加上励磁系统无补偿特性的相位,可以获得所需的 PSS 附加力矩与 $\Delta\omega$ 轴的关系,如图 5-7 所示。

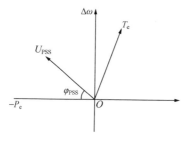

图 5-7 PSS 的相位补偿原理图

目前常用具有抑制反调功能的 PSS2A 典型传递函数框图,如图 5-8 所示。

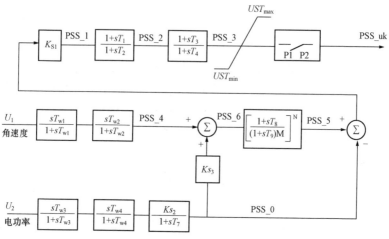

图 5-8 PSS2A 传递函数框图

5.2.2 试验目的

（1）根据电网公司稳定计算的要求，对 PSS 参数进行调整及整定。设计 PSS，使之满足在整个低频振荡频率段上均能提供良好的正阻尼，而且不会对电网内的其他振荡模式和运行方式产生副作用。

（2）在电网典型运行方式下对 PSS 的频域和时域进行验证计算，筛选出用于现场试验的参数组。

（3）在前期计算分析的基础上，通过现场试验进一步优化 PSS 的各参数，以便使其能够有效地抑制与本机强相关的振荡模式，提高系统的动态稳定性。

（4）通过试验检验 PSS 环节的性能以及在工况调整和转换过程中的适应能力。

（5）通过试验使所设计的 PSS 满足国内有关规定与标准的要求。

（6）校验调差系数整定后 PSS 参数适应性，保证电力系统的动态稳定性。

5.2.3 试验仪器

试验使用的仪器设备如表 5-6 所示。

表 5-6　　　　　　　　　试验使用的仪器设备

序号	仪器设备名称	测量范围	不确定度/准确度
1	电量记录分析仪	AC/DC 电压：0～1500V； AC/DC 电流：0～10A	0.1%
2	数字万用表	AC/DC 电压：0～1000V； AC/DC 电流：0～10A	AC 电压：0.4 %（真有效值）； DC 电压：0.025 %
3	动态信号分析仪	输入：±10V； 输出：±10V	0.1%

序号	仪器设备名称	测量范围	不确定度/准确度
4	信号变换装置	输入：定子电压为 0～150V，转子电压为－900～900V，转子电流为－90～90mA 输出：定子电压（转子电压、转子电流）为－4.5～＋4.5V	转子电压（V）：0.2% 转子电流（mA）：0.2% 定子电压（V）：0.1%

5.2.4 试验组织

具有资质的试验单位负责试验的具体实施，包括方案、报告的编写、提供测试仪器、进行具体测试等。

调度机构负责按照试验方案及进度进行调度，并做好系统安全稳定运行方面的安全措施。

电厂负责按照试验方案进行配合，执行有关的运行和监视与试验操作，提供测量点，按照试验要求将有关电气量接入测试设备，提供所需要的技术资料等条件，并做好有关运行设备的安全措施和事故预想。电厂协调励磁调节器厂家到场配合励磁调节器的有关操作。具体的测量信号及接入方式如下：

试验设备均放置在发电机励磁调节器旁，从励磁调节器端子排上引出、接入信号，试验设备需接入的信号分别是发电机 A、B、C 三相电压，A、B、C 三相电流及发电机励磁电压。严防 TA 回路开路，TV 回路短路。接线时注意做好记录，便于试验后逐项恢复。现场测量接线图如图 5-9 所示。

用动态信号分析仪测量有补偿频率特性和无补偿频率特性。测量所需的激励信号（类型为随机噪声）由动态信号分析仪产生，通过开关隔离后送入励磁调节器的 A/D 接口。在励磁调节器的 A/D 接口处并接硬件限幅回路，限幅值为 2%～3% 额定电压。发电机电压信号通过测量接口 HST-2 转换后引入。

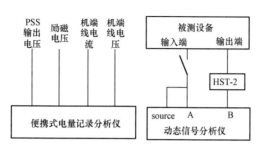

图 5-9　现场测量接线图

5.2.5　现场试验内容与步骤

1. 试验机组工况调整

（1）试验机组在满负荷且无功功率为 0 Mvar 左右工况下运行，非试验机组听从调度安排。

（2）各机组均投入自动励磁调节器，并且工作在自动电压控制方式；调节器的两个通道处于一主一备状态。

（3）所有保护及自动装置均应正常投入。

（4）试验机组的一次调频、AGC、AVC 退出。

（5）临时修改试验机组的欠励限制定值，防止试验过程中欠励限制动作，对测量造成影响。

2. 无补偿频率响应特性测量

用动态信号分析仪测量励磁系统的无补偿频率响应特性。对于具有 A、B 两个通道的励磁调节器，则应测量每一个通道。测量接线如图 5-10 所示，在这里输入量为加入到励磁调节器电压给定值管理环节输入端的电压

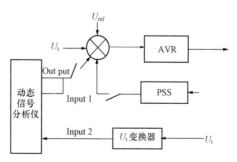

图 5-10　无补偿频率响应特性
　　　　　测量示意图

相加点的随机噪声信号，输出量为机端电压。在端子排对应的励磁调节器的 A/D 接口加入随机噪声电压信号，通过软件开关将外加信号加入到励磁调节器的电压给定值相加点；随机噪声电压信号引起的发电机电压摆动一般应小于 2％，引起的机组功率波动峰峰值应小于 10％额定有功功率。试验时从零逐步增加随机噪声信号的电平至发电机无功功率及发电机机端电压有明显变化，测量励磁系统无补偿频率特性。

3. PSS 超前滞后环节时间常数整定

根据实测的励磁系统无补偿特性曲线，设计 PSS 超前滞后环节时间常数，设计原则是保证在整个低频振荡的频率在 $0.2 \sim 2.0$Hz 范围内，使 PSS 产生的附加力矩向量 T_e 对应 $\Delta\omega$（转速）轴在超前 $10°$ 至滞后 $45°$ 以内，并使本机振荡频率力矩向量对应 $\Delta\omega$（转速）轴在 $0°$ 至滞后 $30°$ 以内。

原则上设计多组 PSS 参数进行效果对比，多组 PSS 参数设计的原则是取本机振荡频率点的动态增益相同，超前滞后环节时间常数不同，PSS 力矩矢量相位相差 $10°$ 左右。根据实测多组 PSS 的效果，选择 PSS 的优化参数。

4. PSS 的增益 K_s 整定试验

将优化设计的 PSS 参数整定到自动励磁调节器，检查无误后将 PSS 功能投入。逐渐增大 PSS 的增益 K_s 值，直到机端电压或有功功率开始产生明显的振荡特性为止，则将此时对应的临界增益 K_{Smax} 值乘以 $0.2 \sim 0.33$ 的系数确定为最终 PSS 的增益值。

5. 满负荷时 PSS 的抗扰动性能试验

调整试验机组有功功率达到额定值（或大于 90％额定功率）、无功功率为 0Mvar 左右，保持机组有功功率恒定。其他机组的有功功率和无功功率也尽量保持恒定。

先不投入 PSS，以 1％的步长逐步增加机组负荷阶跃扰动量，直到有功功率波动振荡次数大于 5 次，或者机组有功功率波动的峰峰值超过 10％额定有功功率，记录此时的电压扰动量 $U\%$ 和试验波形。

投入 PSS 后，进行相同电压阶跃量 $U\%$ 的电压阶跃扰动试验，记录试验波形。

6. 静态稳定性试验

分别在投入和切除 PSS 时，测录有关波形和数据，检查 PSS 投切瞬间的扰动量大小。

7. PSS 的限幅值检查

修改 PSS 限幅值为较小值（如±0.2％），在 PSS 投入情况下，做负荷阶跃试验，观察 PSS 的输出限幅情况是否与整定值一致。检查后恢复原限幅值。

8. PSS 自动投、退及防反调性能试验

修改自动投入、退出定值为 $80\%P_N$。按照正常运行操作方式，先从满负荷以运行可能实现的最快速度快速减少发电机有功功率到 $70\%P_N$，测录有关波形和数据，观察 PSS 的自动退出情况，检查防反调性能。从 $70\%P_N$ 以运行可能实现的最快速度快速增大发电机有功功率到 P_N，测录有关波形和数据，观察 PSS 的自动投入情况，检查防反调性能。检查后恢复原自动投入、退出定值。

9. 发电机 60％负荷时 PSS 性能检验

调整试验机组的有功功率为 60％额定有功功率，无功功率为 0；非试验机组的有功功率听从调度的安排。重复以上试验步骤，校核 PSS 参数的鲁棒性。

10. 试验恢复

拆除试验临时接线，恢复各保护及试验装置至试验前状态，退出 PSS，上报调度试验结束，机组根据调度指令，调整其运行工况及运行方式。

5.2.6 试验结果评判标准

根据标准《电力系统稳定器整定试验导则》（DL/T 1231—

2013）和《南方电网电力系统稳定器整定试验导则》（QCSG 114002—2011），PSS 参数现场整定试验结果要求如下：

（1）通过调整 PSS 相位补偿，使本机振荡频率的力矩向量滞后 $\Delta\omega$ 轴 0°～30°；在 0.3～2.0Hz 频率的力矩向量滞后 $\Delta\omega$ 轴在超前 20°至滞后 45°之间；当有低于 0.2Hz 频率要求时，最大的超前角不应大于 40°，同时 PSS 不应引起同步力矩显著削弱而导致振荡频率进一步降低、阻尼进一步减弱。基于南方电网的特点，原则上要求 PSS 输出力矩向量在 0.3～0.8Hz 频率范围内滞后 $\Delta\omega$ 轴的角度在 0°～30°之间，并尽可能接近 0°。

（2）比较有无 PSS 有功功率的振荡频率，检验 PSS 相位补偿和增益是否合理，有 PSS 的振荡频率应是无 PSS 的振荡频率的 80%～120%；有 PSS 应比无 PSS 的阻尼比提高 0.05 或 0.1，其中 0.05 值对应无 PSS 的阻尼比大于 0.1 的情况，0.1 值对应无 PSS 的阻尼比小于 0.1 的情况。

（3）反调试验时，无功功率变化量小于 30%额定无功功率，机端电压变化量小于 3%额定电压。

5.3　发电机进相运行试验

5.3.1　发电机进相运行试验的动因

随着电力系统的大力发展、装机容量的不断增加，以及高电压和远距离输电线路的大量投产，使电力系统中的充电无功日益加大。从 20 世纪 90 年代开始，许多省份的部分电网已经陆陆续续地暴露出无功过剩、电压偏高的特点，在小方式运行时尤其如此。部分线路的电压水平在节假日期间超过额定电压 10%以上。因此，吸收电网中的多余无功，降低过高的电网电压就成为各省区电网的重要工作。常用的手段通常有在电网中安装调相机、SVC、STATCOM、并联电抗器和发电机进相运行。仅从调相调压的角度来看，前面几项均需要增加投资，而且投入比较可观，只有"发电机进相运行"这一项无须耗费巨资，仅仅需要利用发电机的固有能力即可实现调压的目的，因而受到国内外的广泛推广。

我国于 1989 年颁布的《电力系统电压和无功电力技术导则》中明确要求"新装机组应具备在有功功率为额定值时，功率因数进相 0.95 运行的能力"和"对已投入运行的发电机，应有计划地按系列进行典型的吸收无功电力能力试验，根据试验结果予以应用"。根据 1980 年国际大电网会议的资料显示，有关国家做了如下规定：美国、日本规定，所有发电机必须能在额定功率下，功率因数达0.95（进相）时运行，发电机应在功率因数为 0 时，吸收 0.5 倍（标幺值）的无功功率；苏联、英国、意大利规定，发电机在额定有功功率下应具有在功率因数为 0.95（进相）时吸收无功功率的能力；法国规定，汽轮发电机必须能在全部有功功率范围内，吸取0.35 倍额定视在功率的无功功率。

因此，各大电网公司把发电机进相运行试验当作一项涉网试验重点关注，并在电网中推广应用。

5.3.2　发电机的进相运行能力

电力系统以感性负荷为主，当发电机并网运行时，发电机的电枢反应具有去磁作用，这时为了维持发电机机端电压恒定，就必须增大励磁电流，以补偿电枢反应的影响。由此可见，无功功率的调节依赖于励磁电流的变化。

对于汽轮发电机，假设不计饱和影响，发电机电磁功率 P_e 和输出功率 P 均为恒定，机端电压 U 保持不变，于是有

$$P_e = \frac{3E_0 U}{X_t}\sin\theta = 常数\ 或\ E_0\sin\theta = 常数$$

$$P = 3UI\cos\varphi = 常数\ 或\ I\cos\varphi = 常数$$

而忽略定子电阻后亦有 $P_e = P$，即

$$\frac{E_0\sin\theta}{X_t} = I\cos\varphi = 常数$$

则由此可分析励磁电流 I_f 变化（即 E_0 变化）对定子电流 I 的影响。

由图 5-11（a）可知，当调节励磁电流使 E_0 变化时，由于 $I\cos\varphi$＝常数，定子电流相量 $\dot{I}$ 的末端轨迹是一条与 $\dot{U}$ 垂直的水平线 AB；又由于 $E_0\sin\theta$＝常数，故相量 $\dot{E}_0$ 的末端轨迹为一条与 $\dot{U}$ 平行的直线 CD。据此在图 5-11（b）中画出了四种不同励磁电流时的相量图。

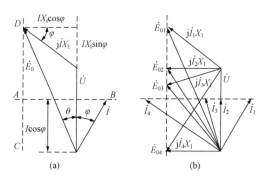

图 5-11　机端电压恒定和电磁功率恒定时的同步发电机相量图
（a）发无功工况矢量图；（b）不同进相深度工况矢量图

当励磁电流较大时，$\dot{E}_{01}$ 较高，定子电流 $\dot{I}_1$ 滞后于机端电压，输出滞后无功功率，这时称发电机运行于"过励"状态；逐步减小励磁电流，$\dot{E}_0$ 随之减小，定子电流相应减小，至 $\dot{E}_{02}$ 时，$\dot{I}_2$ 与 $\dot{U}$ 同相，$\cos\varphi$＝1，定子电流最小，这时称为"正常励磁"；再减小励磁电流，定子电流又开始变大，并超前电压 $\dot{U}$，如 $\dot{E}_{03}$、$\dot{I}_3$ 所示，发电机开始向电网输出超前的无功功率（即吸收滞后的无功功率），这时称发电机处于"欠励"状态；如果继续减小励磁电流，电动势 $\dot{E}_0$ 将更小，功角 θ 和超前的功率因数角 φ 继续增大，定子电流亦更大，当 $\dot{E}_0＝\dot{E}_{04}$ 时，功角 θ＝90°，发电机达到稳定运行极限，若再进一步减小励磁电流，发电机将失去同步。

同步发电机的运行容量图如图 5-12 所示,发电机的运行容量图也就是发电机的 PQ 曲线图。图 5-12 中,AC 为以转子额定电流 AB 为半径所做圆弧,代表了转子电流对发电机功率的限制;AGK 为以定子额定电流 OA 为半径所做圆弧,代表了定子电流对功率的限制;FD 为原动机功率限制;P_N、Q_N、φ_N 和 δ_N 分别代表发电机在额定工况下的有功功率、无功功率、功率因数和功角;纵轴 OP 右边的工作区域为迟相运行工况区,左边则为进相运行工况区;OQ 轴的上方区域为发出有功功率的区域;BMH 为发电机在不同有功功率输出时达到静稳定极限 $\delta = 90°$ 时的限制(由 BMH 考虑 $K_P = 10\%$ 时的静稳储备裕度时得实际使用的进相运行边界 JL)。

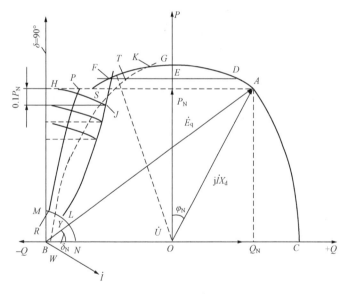

图 5-12 同步发电机的运行容量图

若发电机是经系统电抗 X_s 并入电网的,则静稳极限将变小为弧线 RP,其对应计算公式如下

$$P^2 + \left[Q - \frac{u^2}{2} \left(\frac{1}{X_s} - \frac{1}{X_d} \right) \right]^2 = \left[\frac{u^2}{2} \left(\frac{1}{X_s} + \frac{1}{X_d} \right) \right]^2 \quad (5\text{-}8)$$

为简化起见，这里以不计系统电抗 X_s 为例进行说明。曲线 MN 为所允许的最小励磁电流限制线，通常取额定励磁电流的10％考虑。在机组进相运行时，由于电枢反应的助磁作用，必然会导致定子铁芯端部温度升高，限制进相深度，弧线 $WYST$ 为对应不同有功功率输出时的进相运行限制线。到此我们可得出发电机正常运行范围为 $ADETSYLNOC$ 区域。

5.3.3 限制发电机进相运行的因素

1. 静态稳定限制

由电力系统的基本方程可得到，发电机电磁功率的表达式为

$$P_e = \frac{3E_q U_s}{X_\Sigma}\sin\delta \qquad (5-9)$$

式中　E_q——发电机的感应电势；

　　　U_s——无穷大系统电压；

　　　X_Σ——发电机至无穷大系统之间的阻抗。

手动励磁方式下 E_q 恒定，在系统稳定的情况下 U_s、X_Σ 亦是恒定的，发电机的电磁功率如图5-13所示，发电机要稳定地与系统同步运行，作用在发电机转子上的转矩必须相互平衡。但是转矩相互平衡是否就一定能稳定地运行呢？从图5-13可知，平衡点有 a、b 两个，由电力系统静态稳定的判据可知在 a 点是稳定的，在 b 点是不稳定的，即手动励磁方式下，发电机的静态稳定限制是功角 $\delta < 90°$。

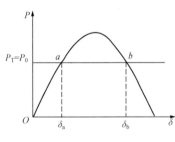

图5-13　手动励磁方式下电磁功率曲线

实际上根据清华大学的研究，发电机在进相运行时，由于 X_d 会随着励磁饱和的程度不同而比正常滞相运行值减小20％～30％，其稳定极限也将相应地增大20％～30％。

需要指出的是，以上讨论的是无自动励磁调节器的情况，或者是励磁系统在手动方式下运行的情况。通常按照规定，发电机运行时应投入自动励磁调节器，即励磁系统运行在恒机端电压闭环控制方式，此时发电机的功角特性 P_e 的幅值将会大大提高，稳定运行区可位于功角 $\delta > 90°$ 的人工稳定区，这在第1章励磁系统对提高电力系统静态稳定性的作用中有介绍。

2. 定子端部发热对进相运行的限制

发电机进相运行时，其端部漏磁通是由转子和定子的漏磁通合成的，它是一个随转子同速旋转的旋转合成磁场，其大小与定子绕组的结构、端部的结构和转子护环中心环、风扇的材料及尺寸与位置、转子绕组端部的伸出长度等发电机制造工艺有关。该旋转漏磁通磁场在切割静止的定子端部各金属构件时，就会在其中感应涡流和磁滞损耗，引起发热。特别是定子端铁芯、压指、压板等磁阻较小的部件，因通过的磁通非常多，发热也较厉害，当局部冷却强度不够时，就会出现局部温度过高的现象。

由于当发电机由迟相向进相运行方式变化时，端部合成漏磁通将随之显著增大，端部元件的温升也将显著升高，甚至越限，成为限制发电机进相运行的条件之一。

一般情况下，应该通过温升试验来确定发电机进相运行的热稳定边界，而且部分测温点应埋设在发电机定子铁芯端部元件上（如压圈、压指等）。对于制造厂的正式技术资料中提供了功率图或相应数据的机组（最好能够经过厂家的再次书面确认和保证），可以在其标明的范围内进相运行。

3. 发电机定子电流过电流限制

发电机进相运行时，由于机端电压大幅度下降，致使输出同样功率时的定子电流大幅度增加。参照《水轮发电机运行规范》（DL/T 751—2014）和《隐极同步发电机技术要求》（GB/T 7064—2008），运行人员应该控制该电流，使其不超过额定值的

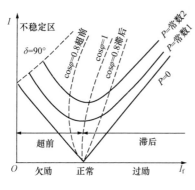

图 5-14 同步发电机的 V 形曲线

1.05 倍。

在发电机输出功率 P 恒定时，改变励磁电流将引起发电机定子电流大小和相位的变化，定子电流 I 与励磁电流 I_f 的这种内在联系对应的关系曲线 $I = f(I_f)$ 如图 5-14 所示，称为同步发电机的 V 形曲线。对应不同的有功功率 P 运行，都可以得到一条 V 形曲线，功率值越大，曲线位置越往上移。励磁电流为"正常励磁"时，定子电流 I 最小；偏离此点，无论是增大还是减小励磁电流，定子电流都会增加。

因此，发电机在满功率进相运行时，随着发电机机端电压的下降，发电机定子电流的有功分量和无功分量将同时增大，发电机定子电流有效值存在超过额定定子电流的风险。

4. 发电机机端电压下降限制

对于发电机机端电压的运行范围，参照《发电机运行规程》和《电力系统电压和无功电力技术导则》（SD 325—1989）中规定，机端电压的额定值可以在额定值变动 $-5\%\sim+10\%$ 范围内运行。

5. 厂用电电压下降限制

厂用电系统主要负荷均为异步电动机，异步电动机的电磁转矩是与其机端电压的二次方成正比的，当电压降低 10% 时，转矩大约要降 19%。如果电动机所拖动的机械负荷的阻尼矩不变，电压降低时，电动机的转差增大，定子电流也随之增大，发热增加，绕组温度增高，加速绝缘老化，影响电动机的使用寿命。

由于进相运行时无功反向，致使机端电压大幅度下降，由此与之相连的厂用电电压也将大幅下降，其允许电压下限就成为进相运行的限制值。参照《发电机运行规程》和《电力系统电压和无功电力技术导则》中规定，发电机在进相运行时厂用电电压可以在额定值变动−5％～＋10％范围内运行，在进相运行试验时可以放宽到额定值变动−7％～＋10％范围内运行。当在进相运行时，若厂用电电压低于下限值，则运行人员应该立刻增加励磁直至异常消失。

设备选型时，应该注意使允许的辅机电压下限低于母线的电压下限。不少电厂在选用设备时，习惯以平均电压（通常比额定电压高出 5％）加上±10％的波动作为标准，这样得到的下限就比《电力系统电压和无功电力技术导则》中标准高大约 2％，使厂用辅机对较低电压的适应性降低，这一点在设备选型时应引起注意，使用变频技术的辅机尤其要注意拓宽下限。

5.3.4 发电机进相运行试验方法

发电机进相运行出现在电网电压偏高的情况下，所以，正确的发电机进相试验方法是逐渐提高系统电压使被试机组自然进相进行试验。但是，受调度方式安排、机组运行情况、试验时间等因素的限制，现场试验无法采用以上的进相试验方法，一般现场开展进相试验的方法是采用人为减励磁方式使被试机组进相。

1. 试验的组织

该试验需要电厂、试验单位、调度机构、励磁调节器厂家共同参与完成，各个单位的组织分工如下：

（1）试验单位负责试验的具体实施，包括方案和报告的编写、提供并操作测试仪器、进行具体测试等，并在试验前进行必要的静态稳定计算。

（2）调度机构负责按照试验方案及进度进行调度，并做好系统安全稳定运行方面的安全措施，给出试验机组的外部系统等值阻抗。

（3）电厂负责按照试验方案进行配合，执行有关的运行、监视工作以及试验操作、整定值修改，提供测量点，按照试验要求将有关电气量接入测试设备，提供所需要的技术资料等条件，并做好有关运行设备的安全措施和事故预想。

（4）励磁调节器厂家负责按照试验方案修改励磁调节器的 PQ 限制（欠励限制）的临时定值参数，监视励磁调节器的运行，协助发电厂人员进行励磁调节器的有关操作。

2. 试验前期准备

开展试验前应做好充分的试验准备工作，包括以下内容。

（1）在试验开始前 1~2 个月，由试验单位人员根据发电机组的实际一、二次设备配置情况和投运以来的有关运行参数进行调查研究，收集发电机、升压变压器、高压厂用变压器、励磁系统等数据。

（2）试验单位应根据收集的电厂试验机组运行数据，确认试验机组升压变压器、高压厂用变压器、低压厂用变压器的抽头设置是否合理。对于设备不合理的试验机组，提出技术改造方案或意见，供试验电厂参考，同时上报调度部门审核，完成进相运行试验与运行前的专项改造，确保试验顺利进行。

（3）调度机构根据试验时的系统实际情况给出最小运行方式的系统阻抗值。做好试验时的系统实际情况安排调度，以及电网的安全措施。

（4）电厂的试验机组应具备如下条件：①机组所属保护、自动装置及辅机应能正常工作；②发电机及辅机运行工况均能达到额定值；③试验时应利用现有装置监测温度、振动、氢压等，并使之符合要求；④建议有条件时完成机组的甩负荷试验，且结果合格，然后再做进相运行试验。

（5）电厂准备好试验期间的测量信号点，确定试验接线的盘柜及端子排，测量信号包括发电机三相电压 U_G、三相电流 I_G、有功功率 P_G、无功功率 Q_G、功率因数 $\cos\varphi$、功角 δ、高/低压厂用电源母线电压、主变压器高压侧母线电压、端部铁芯和金属结构件温

度 T、励磁电压 U_L、励磁电流 I_L 等。

3. 试验限制条件

试验的限制条件主要包含以下几个方面：

（1）升压站母线电压根据不同的电压等级要求如下：500kV 母线电压维持在 $525\sim550kV$ 之间，220kV 母线电压维持在 $220\sim242kV$ 之间。

（2）火电机组厂用电母线电压不低于 DL/T 1164 规定的负荷额定电压的 95％，水电机组厂用电母线电压限值不低于负荷额定电压的 90％（GB 755 规定的电动机电压运行下限值）。

（3）发电机定子电压应在 90％～105％额定电压之间。

（4）发电机定子电流不应超过额定值。

（5）发电机转子电流不应超过额定值。

（6）最大进相无功值不应该超过厂家给出的边界值。

（7）最大进相无功值不应该超过该机组的静态稳定极限。

（8）最大发电机（相对于等值机）功率角不应该超过 90°。

（9）发电机冷却系统工作正常，各部温升在正常范围内（例如，在正常氢压时，定子铁芯温度不大于 120℃，定子绕组温度不大于 90℃等）。

（10）汽轮发电机组轴系振动在正常范围内。

4. 现场试验内容

根据现场试验条件及试验机组的运行情况，至少开展三个工况下的机组进相运行试验，具体试验内容及方法如下：

（1）电厂将试验机组有功调整为 100％额定有功功率；调度机构投入周围的变电站电容器和增加附近机组的无功功率，使试验机组的主变压器高压侧母线电压满足试验要求（具体数值由调度机构给出）。

（2）进相运行效果检查，逐步减少试验机组的无功功率，并在每减少 10％～15％额定无功功率时测量发电机三相电压 U_G、三相

电流 I_G、有功功率 P_G、无功功率 Q_G、功率因数 $\cos\varphi$、功角 δ、转速 n、定子铁芯温度 T、励磁电压 U_L、励磁电流 I_L、主变压器高压侧母线电压 U_s、高/低压厂用电源母线电压，直至试验限制条件中任一条件受到限制为止。

（3）如是高/低压厂用电源母线电压先接近下限，则可在允许无功调节范围内增加电厂内其他非试验机组的无功功率，以升高试验机组的主变压器高压侧母线电压，然后接着做下一步长的试验，直至限制条件中另一限制条件受限为止。

（4）当 Q 减少到预测的静稳极限或功角大于 $70°$（指的是发电机到电网等值无穷大系统之间的功角）时，应注意放缓减磁速度或减磁步长。

（5）试验中应注意利用已安装好的测量表计观察温度、振动和辅机等有无异常。

（6）保护与自动装置检查，在试验过程中，注意检查保护和励磁系统的工作有无异常，如有相关的保护及信号动作，则应做好记录，并测量当时的各被测量。根据实际情况来决定是否继续往下做。

（7）100％负荷下的温升试验，当达到最大进相深度时，进行温升试验。试验机组无功功率在最大进相深度处停留，每隔 10min，从所接表计和运行用测温系统读取定子铁芯端部温度值，直至温度基本稳定为止（连续三次记录值的变化小于 $1℃$）；试验中应严密监视发电机组各部位的温度，如发现机组任何部位的温度过高，则应立刻增加试验机组无功功率使其在 0Mvar 以上，同时适当减少有功功率。

（8）100％负荷下的调相调压试验，当达到最大进相深度温升试验结束后，进行调相调压试验。在尽量保持附近机组有功功率和无功功率恒定的条件下将试验机组的无功功率从最大进相深度处快速增加到 0Mvar 以上，同时记录无功功率增加前后的试验电厂所有机组无功功率的变化、试验机组的主变压器高压侧母线电压和周围变电站高压母线电压的变化。

（9）分别在 80%、60% 等额定有功功率时重复（1）～（8）项的试验内容，至少完成三个工况下的机组进相运行试验。

（10）试验结束，拆除试验临时接线，恢复低励限制至试验前状态，根据调度机构的指令，调整运行方式。

5. 危险点分析与控制

（1）发电机的端部温升。

1）危险点分析：进相运行时，由于发电机磁场分布情况的改变，定子端部漏磁增大，端部发热有所增加。需防止端部温升超越限制值。试验时进相深度在厂家的功率图规定的范围内，包括定子端部在内的各部分温升正常时是不会超出允许值的。

2）预控措施：进相试验时，通过发电机厂家预先埋设的发电机定子端部测温元件在监测界面上监视以防止超温，减少无功功率要逐步进行，如发现温度有快速升高的异常现象，应停止减少无功功率，待观察后，决定是否继续下降还是增加无功功率。

（2）发电机对系统的稳定问题。

1）危险点分析：进相运行时，发电机对系统的稳定裕度是有所降低的，需要防止发电机对系统失稳。由于进相运行试验只在励磁调节器工作在自动方式（恒机端电压）下实施，其稳定极限是远超过 90° 的人工稳定区的。

2）预控措施：事先提请调度机构进行专门的稳定分析计算，作为进相深度的限制条件之一。试验时通过专门研制的发电机进相运行监测仪及相关的软件，可以实时监测发电机对系统等值机的相对功角，而试验时以人工稳定区的 90° 功角作为限制，以保证进相运行的安全。当测得的相对功角大于 70° 后，应注意放缓减无功功率的速度，以防越限。

（3）辅机因电压低而跳闸。

1）危险点分析：进相运行时，发电机机端及所带的各级厂用电电压均会下降，其限制值不会使低电压保护动作，但辅机尤其是重负荷辅机可能由于过流跳闸而影响机组的正常运行。

2）预控措施：试验前收集机组在不同运行时段、不同运行工况下各级电压的数据，加以分析以确定是否需要调整主变压器、高压厂用变压器、低压厂用变压器等变压器的抽头，使其既能达到较深的进相深度，又能保证辅机的稳定运行。在试验时规定允许的电压最低值，做到该限制后不再往下进行。试验过程中加强监视，尤其是负荷较重的辅机，必要时开出备用辅机以分担负荷。

（4）发电机失磁、失步。

1）危险点分析：进相运行试验时注意各项限制条件，正常情况下是不会导致发电机失磁、失步的。但由于系统故障、元件故障（如励磁系统故障）等情况可能引起发电机失磁、失步。

2）预控措施：对于系统故障，事先委托调度机构进行母线或出线故障情况下，机组允许进相深度的计算。励磁调节器低励限制功能是一道重要的防线，低励限制的参数按厂家功率图的边界整定。当减无功引起失磁、失步时，应按相关规程处理，降低发电机有功功率，同时增加励磁，使机组重新拉回同步；如果机组无法拉回同步，则立刻紧急停机。此时的处理参考发电机厂家提供的失磁异步运行能力曲线执行。

（5）失磁保护动作。

1）危险点分析：进相运行作为一种实际工况，失磁保护在此时是不应动作的，但由于保护整定方面的一些问题，在进相深度较大时，有可能出现失磁保护误动的情况，导致不必要的跳机。

2）预控措施：事先审核失磁保护的原理、配置、整定值等情况，在试验时实时监测失磁保护的工作情况。

（6）临时接线。

1）危险点分析：进相运行试验时需要将有关电压、电流量接入进相运行在线监测仪，存在一定的风险。

2）预控措施：接入前检查进相运行在线监测仪外部接线正确，防止 TA 回路开路，TV 回路短路。接线时注意做好记录，便于试验后逐项恢复。

6. 试验报告的编写

试验报告的编写内容包含以下方面：

（1）系统条件及机组概况，包括系统接线方式、电厂名称、机组编号、发电机-变压器组参数、励磁系统欠励限制器整定参数、低励限制曲线设置方式及制造厂家等。

（2）试验时间、试验采用的运行方式、试验内容，以及采用的仪器仪表。

（3）简述试验过程。

（4）试验结果分析，主要包括如下内容：

1）机组的进相能力及限制条件；

2）低励限制曲线整定值和实测动作值；

3）对主变压器高压侧母线调压的分析评价。

（5）结论和建议，应包括如下内容：

1）进相能力（包含各有功工况下发电机进相深度的限制条件）；

2）低励限制特性曲线；

3）主变压器高压侧母线调压效果；

4）问题和建议。

5.4　发电机调差系数优化整定试验

5.4.1　发电机调差系数优化整定的动因

目前电网发展为一个交直流并联运行的超高压、远距离、大容量送电的互联电网，受端电网的电压稳定问题突出。近年来，南方电网出现了多次 500kV 电压跌落导致多回直流同时换相失败的情况，严重威胁到电网的安全稳定运行，电网动态无功支撑不足成了电网电压稳定问题中亟待解决的问题。

励磁系统作为控制发电机电压、无功的关键设备，研究发现，励磁系统采用负调差技术可大大提升发电机在故障下的无功功率，图 5-15 是模拟电网北郊站三永中开关拒动故障下广蓄电厂机组采用不同调差系数下的无功功率曲线，可见，采用 −10% 的负调差后，机组的无功功率约为无调差的 2 倍，机组对电网的无功支撑力度大幅提高。

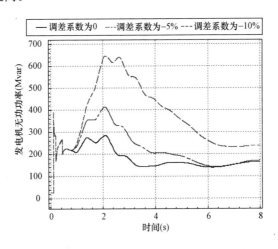

图 5-15　故障下广蓄电厂 1 号机无功功率曲线

励磁系统调差可等效为发电机内部电抗，如果设定调差为负调差，则等效发电机内部电抗为负值，如此一来发电机与系统的联系电抗将减小，发电机对系统电压跌落的感知变得更加灵敏，对系统动态无功支撑力度将大大加强。

5.4.2　励磁系统调差的定义

为了使并联运行的各发电机组按其容量向系统提供无功功率，实现无功功率在各机组间稳定合理的分配，在励磁控制器中，一般都设有改变发电机电压调节特性斜率的环节，即调差系数。

调差系数 δ 是用来表征发电机电压调节特性[$U_f = f(I_Q)$，I_Q 为无功电流]曲线的斜率。调差系数的物理意义为同步发电机在功率因数等于零的情况下，无功电流从零变化到额定值时，发电机机端电压变化的标幺值。它通常用下式表示

$$\delta = \frac{\Delta U/U_N}{\Delta I_Q/I_N} \tag{5-10}$$

式中 $\Delta U/U_N$ ——电压变化相对值；

$\Delta I_Q/I_N$ ——无功电流变化相对值。

国家标准规定，向下倾斜的特性曲线（即电压随无功负荷增加而下降）的调差系数为正，称为正调差，这可以理解为：当无功电流增大时，自动励磁控制器感受到的电压上升（虚假上升），于是控制器降低励磁电流，驱使发电机电压下降。

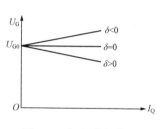

图 5-16　调差特性曲线

反之，向上倾斜的特性曲线的调差系数为负，称为负调差，可以理解为：当无功电流增大时，自动励磁控制器感受到的电压下降（虚假下降），于是控制器增大励磁电流，驱使发电机电压上升。特性曲线如图 5-16 所示。实际应用中，由于无功电流的测量比较麻烦，所以通常直接用无功功率代替无功电流。

调差在励磁系统主环中的叠加位置如图 5-17 所示，直接叠加到励磁系统主控制环的给定值上，作为一种附加控制功能。如果采用负调差，从无功电流的叠加效果来看相当于正反馈的效果。

图 5-17 中，调差系数作为一种叠加控制功能，用于提高机组对系统电压跌落的灵敏度。调差系数 X_c 和发电机机端电压 U_t 以及励磁系统给定值 U_{ref} 的关系如下

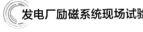

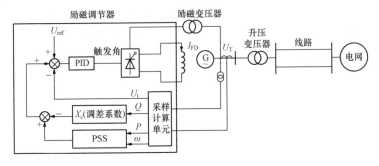

图 5-17 考虑励磁的单机无穷大系统

$$U_t = U_{ref} - X_c \times Q \tag{5-11}$$

可见设定调差后，发电机机端电压 U_t 和励磁系统的给定值 U_{ref} 并不相等，如果调差设定为负数，即 $X_c < 0$，则有以下几种情况。

在发电机发出无功功率时，即 $Q > 0$ 时，则有

$$U_t = U_{ref} - X_c Q > U_{ref} \tag{5-12}$$

在发电机吸收无功功率时，即 $Q < 0$ 时，则有

$$U_t = U_{ref} - X_c Q < U_{ref} \tag{5-13}$$

这也是我们常常在励磁调节器看到的给定值 U_{ref} 和发电机机端电压 U_t 不一致的原因。

运行中的同步发电机的调差实际上是自然调差和励磁附加调差共同作用的结果，由于采用半导体励磁系统的同步发电机组的自然调差系数近似于 0，工程应用中常将其忽略，文中提到的发电机调差仅指发电机励磁调节器设定的调差。

5.4.3 调差优化的风险分析

励磁系统调差系数设置为负调差，有利于电网的电压稳定，而且负调差的值越小，效果越明显，但是，过大的负调差又会对并联机组间的无功分配、电网的动态稳定性等产生不利的影响，具体分析如下。

1. 并联机组间的无功分配问题

为了使并联运行的各发电机组按其容量向系统提供无功功率，实现无功功率在各机组间稳定合理的分配，在励磁控制器中，设有调差环节来改变发电机电压调节特性斜率。对于扩大单元接线方式的电厂，即多台机组共用一台主变压器，必须采用正调差来实现厂内机组并联运行，调差系数一般设定在 $3\% \sim 5\%$ 之间，目前这种接线方式在小水电站仍有采用。

两台发电机共用一个主变压器的扩大单元接线图如图 5-18 所示。并联点的母线电压 U_s 和发电机的电压给定值的关系为

$$U_{ref1} - X_{c1}Q_1 = U_s \quad (5-14)$$

$$U_{ref2} - X_{c2}Q_2 = U_s \quad (5-15)$$

图 5-18　扩大单元接线方式图

因此，在 $X_{c1} \leqslant 0$，以及 $X_{c2} \leqslant 0$ 的情况下，两台机组之间会出现抢无功功率的情况，无法稳定运行，只有保持两台发电机的调差系数 X_{c1}、X_{c2} 均为正数，才可实现两台发电机的无功合理分配，实现两台机组并联稳定运行。两台的无功功率 Q_1、Q_2 分配大小和两台机的给定值 U_{ref1}、U_{ref2} 的大小以及调差系数 X_{c1}、X_{c2} 的大小相关。一般情况下，设置 $X_{c1} = X_{c2} > 0$，两台机组的无功分配由各定值 U_{ref} 的不同来确定。

目前电厂普遍采用单元接线方式，即一台发电机和一台主变压器作为一个发电单元，多个发电单元在主变压器高压侧并联运行，如图 5-19 所示，因此，电厂的多个发电单元之间也存在无功功率分配问题。对于一个发电单元来讲，其总调差＝发电机调差＋主变压器短路电抗。

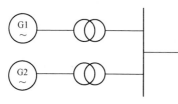

图 5-19　单元接线方式图

假设两台升压变压器的参数相同，升压变压器的短路电抗为 X_{tr}，则并联点的母线电压 U_s 和发电机的电压给定值关系为

$$U_{ref1} - (X_{c1} + X_{tr})Q_1 = U_s \qquad (5\text{-}16)$$

$$U_{ref2} - (X_{c2} + X_{tr})Q_2 = U_s \qquad (5\text{-}17)$$

和扩大单元接线方式不同的是，单元接线方式的总调差为励磁系统调差 X_c 和升压变压器短路电抗之和，即 $X_{\delta i} = X_{ci} + X_{tr}$，升压变压器的短路电抗 X_{tr} 一般为 15％左右，因此，两台机组的调差系数 X_{c1}、X_{c2} 可设置为负数，只要保持一个发电单位的总调差 $X_{\delta i}$ 为正即可实现并联发电单位之间的无功合理分配及并联稳定运行。

研究发现，国外的机组普遍采用了负调差，以提高机组对电网电压的支撑作用。例如，ABB 公司对于采用单元接线的机组，推荐调差设定为负调差，且机组的总调差（调差系数＋主变短路电抗的总和）为 3％～8％之间。

华东区域电网内的上海电网调差系数已经完成了整定，整定原则如下：对于直接接入 500kV 系统的机组，励磁调差系数设置为负调差，补偿主变压器电抗，从主变压器高压侧看进去，发电机-变压器组发电单元的总调差系数为 3％；对于直接接入 220kV 系统的机组，励磁调差系数设置为负调差，补偿主变压器电抗，从主变压器高压侧看进去，发电机-变压器组发电单元的总调差系数为 5％。但是，上海电网计算发电机励磁调差系数的算法上存在争议，其选择的是发电机额定无功功率 Q_N 作为无功功率的基准值，不是取发电机的额定容量 S_N 作为无功功率的基准值，两者相差 $\sin\varphi$ 倍，整定值相对保守。概括起来，上海电网的励磁调差系数整定情况如下：对于主变压器漏抗大于 20％的机组，调差系数最大负调差整定为 －10％；对于主变压器漏抗为 18％的机组，调差系数最大负调差整定为 －6％。

浙江电网也基本完成了网内机组的励磁调差系数优化整定工作，其励磁调差系数设定的原则概括如下：主变压器高压侧并联点的总调差为 7％～8％。因此，对于主变压器漏抗为 20％ 的机组，调差系数整定为 −12％；对于主变压器漏抗为 18％ 的机组，调差系数整定为 −10％～−9％。

广东电网也完成了网内机组的励磁调差系数优化整定工作，其调差系数整定的原则概括如下：主变压器高压侧并联点的总调差在 6％ 以上。因此，对于主变压器漏抗为 20％ 及以上的机组，调差系数整定为 −11％；对于主变压器漏抗为 15％ 的机组（广东电网内绝大多数机组的主变压器电抗为 15％ 左右），调差系数整定为 −9％～−7％。

中国电力科学研究院研究的观点是，建议负调差不能整定太大，推荐主变压器高压侧并联点的总调差不小于 5％，并建议对调差环节的输出设置限幅，可参考 PSS 输出限幅。

2. 调差对机组阻尼的影响问题

在现代广泛采用的快速励磁系统中，调差对改善系统电压稳定性、改善发电厂间的无功分配有十分明显的作用。国内外对调差有不少研究，主要集中在对附加调差是恶化还是改善系统的阻尼方面，结论并不一致。

Philips-Heffron 模型是用单机无穷大系统发电机电抗、功角、电势、机端电压的函数 $K_1 \sim K_6$ 表示的单机无穷大系统常用数学模型，用于分析发电机的同步力矩和阻尼力矩，分析励磁控制系统提供的附加阻尼力矩和同步转矩，该模型未考虑附加调差。

图 5-20 为单机无穷大系统中发电机的电气矢量图。

图 5-20 中 x_e 为发电机外部电抗（主变压器和线路电抗），U_s 为无穷大母线电压，U_t 为发电机机端电压，δ 为发电机 q 轴与 U_s 的夹角，即发电机对系统的功角，E_Q 为发电机电抗 x_q 后的假想电势。

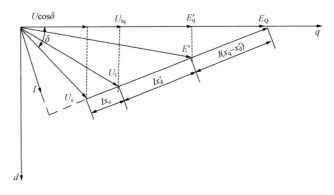

图 5-20　发电机的电气矢量图

根据图 5-20 可得出发电机无功功率的表达式

$$Q_e = u_{tq}i_d - u_{td}i_q$$

$$= \frac{1}{(x'_{d\Sigma})^2}[x_e E'^2_q + (x'_d - x_e)E'_q U_s\cos\delta - x'_d U^2_s\cos^2\delta]$$

$$- \frac{x_q}{(x_{q\Sigma})^2}U^2_s\sin^2\delta \qquad (5-18)$$

对式（5-18）进行偏差化可以写成 δ 与 E'_q 的偏差方程形式

$$\Delta Q_e = K_{11}\Delta\delta + K_{12}\Delta E'_q \qquad (5-19)$$

其中

$$\begin{cases} K_{11} = \dfrac{(x_e - x'_d)E'_{q0}U_s\sin\delta_0}{(x'_{d\Sigma})^2} + \dfrac{(x_q - x'_d)(x'_d x_q - x^2_e)}{(x'_{d\Sigma})^2\ (x_{q\Sigma})^2}U^2_s\sin2\delta_0 \\[3mm] K_{12} = \dfrac{2x_e E'_{q0} + (x'_d - x_e)U_s\cos\delta_0}{(x'_{d\Sigma})^2} \end{cases}$$

发电机无功调差公式为

$$U'_t = U_t + X_c Q_e \qquad (5-20)$$

式中　X_c——励磁系统附加调差系数。

设

$$\Delta U'_t = K'_5\Delta\delta + K'_6\Delta E'_q \qquad (5-21)$$

其中

$$\begin{cases} K'_5 = K_5 + K_{11} X_c \\ K'_6 = K_6 + K_{12} X_c \end{cases}$$

从而可以得到考虑励磁系统附加调差后的 Philips-Heffron 模型框图，如图 5-21 所示。

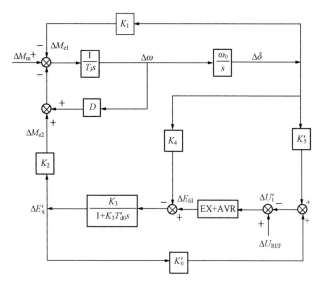

图 5-21　考虑励磁系统附加调差后的 Philips-Heffron 模型

不失一般性，设励磁系统传递函数为 $\dfrac{K_A}{1+sT_A}$，无附加励磁调差时励磁系统的附加转矩表达式为

$$\Delta T_{e2} = -\frac{K_2 K_3 [K_4(1+sT_A) + K_5 K_A]}{K_3 T'_{d0} T_A s^2 + (K_3 T'_{d0} + T_A)s + 1 + K_3 K_6 K_A} \Delta\delta$$

$$(5-22)$$

将 $s = j\omega$ 带入式（5-22）可得无附加调差时励磁系统的阻尼转矩系数 $K_{D(X_c=0)}$ 和同步转矩系数 $K_{s(X_c=0)}$

$$K_{D(X_c=0)} = -K_2 K_3 \frac{K_4 T_A(1+K_3 K_6 K_A - K_3 T'_{d0} T_A \omega^2) - (K_4 + K_5 K_A)(K_3 T'_{d0} + T_A)}{(1+K_3 K_6 K_A - K_3 T'_{d0} T_A \omega^2)^2 + (K_3 T'_{d0} + T_A)^2 \omega^2} \omega_0$$

$$K_{s(X_c=0)} = -K_2 K_3 \frac{(K_4+K_5 K_A)(1+K_3 K_6 K_A - K_3 T'_{d0} T_A \omega^2) + K_4 T_A (K_3 T'_{d0} + T_A)\omega^2}{(1+K_3 K_6 K_A - K_3 T'_{d0} T_A \omega^2)^2 + (K_3 T'_{d0} + T_A)^2 \omega^2}$$

同理，考虑励磁系统附加调差滞后的 Philips-Heffron 模型，可得出引入附加调差后励磁系统阻尼转矩系数 $K_{D(X_c \neq 0)}$ 和同步转矩系数 $K_{s(X_c \neq 0)}$

$$K_{D(X_c \neq 0)} = -K_2 K_3 \frac{K_4 T_A (1+K_3 K'_6 K_A - K_3 T'_{d0} T_A \omega^2) - (K_4 + K'_5 K_A)(K_3 T'_{d0} + T_A)}{(1+K_3 K'_6 K_A - K_3 T'_{d0} T_A \omega^2)^2 + (K_3 T'_{d0} + T_A)^2 \omega^2} \omega_0$$

$$K_{s(X_c \neq 0)} = -K_2 K_3 \frac{(K_4+K'_5 K_A)(1+K_3 K'_6 K_A - K_3 T'_{d0} T_A \omega^2) + K_4 T_A (K_3 T'_{d0} + T_A)\omega^2}{(1+K_3 K'_6 K_A - K_3 T'_{d0} T_A \omega^2)^2 + (K_3 T'_{d0} + T_A)^2 \omega^2}$$

对比计算无附加调差时励磁系统的阻尼转矩系数 $K_{D(X_c=0)}$ 和引入附加调差后励磁系统阻尼转矩系数 $K_{D(X_c \neq 0)}$ 可得：调差对机组阻尼的影响数学表达式复杂，受到影响的因素太多，极性正负上存在不确定性。

既然调差会影响到机组的阻尼，且极性可正可负，具有时变性，那么避开这个极性正负的问题，直接关注调差影响机组阻尼的具体数量级大小，对此进行量化分析。

以广东电网内的所有机组为例，进行仿真计算，分析调差对机组阻尼的影响的具体数量级，计算过程中退出了计算机组的 PSS，以排除 PSS 的影响，仅考虑调差对机组阻尼的影响，结果如表 5-7 所示。全网机组扫描计算结果表明：在调差绝对值不大于其主变压器短路电抗的前提下，调差改变±10％对机组的本机振荡模式阻尼比的影响在 1％以内，和 PSS 提供的阻尼比不是一个数量级。

表 5-7　　　　　　　　调差对机组阻尼的影响

阻尼比 电厂	调差设定值		
	−10％	0	+10％
电网末端某机组（自并励）	14.690	13.851	14.391
电网末端某机组（带励磁机）	9.321	9.199	9.503
负荷中心某机组（自并励）	10.463	11.227	11.214
负荷中心某机组（带励磁机）	7.149	6.138	6.330

为验证以上仿真计算结果的有效性，在广东电网内选了多个电厂的机组进行了负调差试验，现场试验结果和仿真计算结论一致。

　　附加调差提供的负阻尼和励磁系统提供的负阻尼机理类似，可通过 PSS 来补偿。

　　3. 调差对 PSS 的影响问题

　　从考虑励磁系统附加调差后的 Philips-Heffron 模型框图（图 5-18）可以看出，调差系数的取值不同，模型中 K_5^l 和 K_6^l 的取值就不同，将影响励磁系统的无补偿特性，进而影响 PSS 的有补偿相位。

　　对于一个发电单元（发电机＋升压变压器）来讲，调差的功能等效于改变了这个发电单元的内阻抗，正调差等效于增加了主变压器的短路电抗，增加了机组与电网的电气距离；负调差等效于减小了主变压器的短路电抗，减小了机组与电网的电气距离。因此，从理论上讲，正调差对机组的无补偿特性的影响是超前，负调差对机组的无补偿特性的影响是滞后。

　　在 MATLAB 中搭建图 5-21 中考虑调差后的 Philips-Heffron模型进行频域分析，分析调差对机组无补偿特性的影响，结果表明：正调差影响无补偿特性超前，负调差影响无补偿特性滞后。

　　开展调差对机组励磁系统无补偿特性的影响现场测试，自并励机组的测试结果如图 5-22 所示，三机系统机组的测试结果如图5-23所示。

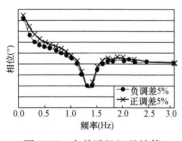

图 5-22　自并励机组无补偿
特性实测曲线

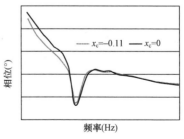

图 5-23　三机系统机组无补偿
特性实测曲线

由图 5-22、图 5-23 可见，正调差影响机组无补偿特性超前，负调差影响机组无补偿特性滞后，这一现象和 MATLAB 分析的结论一致。因此，可以认为在励磁系统投入负调差后，PSS 的输出力矩矢量滞后 $\Delta\omega$ 轴的角度会增加，阻尼力矩矢量减小，同步力矩矢量增加，等效减弱了 PSS 提供的正阻尼，且对低频段的 PSS 输出力矩矢量影响最大，图 5-22、图 5-23 中负调差对应的最大滞后角出现在 $0.3\sim0.5\rm{Hz}$ 附近，对应电网的区间振荡模式。图 5-22、图 5-23 中高频段的无补偿特性曲线基本重合，调差对 PSS 在高频段的阻尼影响不大。

PSS 作为电网的一项重点工作目前已基本完成了网内机组的 PSS 整定，在已完成 PSS 试验的机组上对其调差优化，势必会影响机组的无补偿特性曲线，而机组的无补偿特性曲线是 PSS 参数整定的依据，因此，机组的调差优化将影响已整定投运 PSS 的输出力矩向量方向，存在 PSS 输出力矩向量不满足标准要求的风险。

《电力系统稳定器整定试验导则》规定，要求通过调整 PSS 相位补偿，使 PSS 输出力矩向量在 $0.2\sim2.0\rm{Hz}$ 频率范围内滞后 $\Delta\omega$ 轴的角度在 $-10°\sim+45°$ 之间；基于南方电网的特点，原则上要求 PSS 输出力矩向量在 $0.3\sim0.8\rm{Hz}$ 频率范围内滞后 $\Delta\omega$ 轴的角度在 $0°\sim30°$ 之间，并尽可能接近 $0°$。

通过对现场试验情况的统计可得，在调差绝对值不大于其主变压器短路电抗的前提下，机组的调差系数从 0 变为 -10%，最大滞后角度基本都在 $20°$ 以内。对于已完成 PSS 试验的机组，目前的补偿设计一般把 PSS 的有补偿特性设计在 $-100°\sim-90°$ 之间，大部分都在滞后 $\Delta\omega$ 轴 $0°\sim10°$ 以内，若把机组的调差从 0 变为 -10%，则 PSS 的有补偿特性在低频段的最大滞后角将变为在滞后 $\Delta\omega$ 轴 $30°$ 附近，距标准要求的最大滞后角 $45°$ 仍有 $15°$ 的裕度，即仍满足标准及 PSS 导则的要求。因此，-10% 的调差变化对 PSS 阻尼的影响仍在标准及导则要求的范围以内，若调差的变化量更大，则

PSS 参数需要重新整定。

以广东电网为例，在不同电厂出线处设置三相短路故障，分析电厂 PSS 投退情况下不同调差系数对发电厂阻尼特性的影响，对发电厂出线传输有功功率进行 PRONY 分析，分析结果见表 5-8。计算结果表明，调差系数对 PSS 投退的影响不大。

表 5-8　　　　　　　调差系数对系统阻尼的影响

电厂名称	PSS OFF			PSS ON		
	−10%	0	+10%	−10%	0	+10%
桥口	14.690	13.851	14.391	26.683	23.537	25.492
岭澳	7.149	6.138	6.330	8.022	6.988	7.167
沙角 C	10.463	11.227	11.214	12.166	12.458	12.562
海门	9.321	9.199	9.503	11.161	10.822	11.959

4. 调差对区间振荡模式的影响

综合以上的分析可知，调差会影响机组的阻尼比，同时也会影响 PSS 的阻尼效果，特别是对 PSS 低频段的力矩矢量影响最大，对应电网的区间振荡模式，因此，须重点分析调差对电网的区间振荡模式的阻尼比影响。以南方电网为例，南方电网最低的振荡模式为云广振荡模式，振荡频率约 0.32Hz。把整个广东电网机组的调差系数均从 0 变化到 −10% 时，对全网数据的分析计算结果如图 5-24 所示，区间振荡模式的阻尼比随着调差系数的减小而减小，区

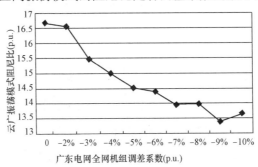

图 5-24　云广振荡模式阻尼比与调差系数的关系曲线

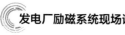

间振荡模式的阻尼比减小约 3%。但是，总的阻尼比仍大于 13%，对电网动态稳定的影响在可控范围以内。

5. 调差对 AVC 装置的影响问题

调差系数作为一种叠加控制功能，用于提高机组对系统电压跌落的灵敏度。其在励磁系统中的叠加方式如图 5-14 所示。

调差直接叠加到励磁系统主控制环的给定值上，因此，采用调差后，必然会影响励磁系统增、减磁操作的步长。目前电厂已完成 AVC 系统的投运，电厂中的 AVC 与励磁系统之间是通过增、减磁脉冲操作来建立闭环控制的。因此，在已经完成 AVC 调试的机组上采用负调差，必然会影响 AVC 的调控步长，过大的负调差有可能导致 AVC 调节的步长太大，超出 AVC 的死区，导致 AVC 调节失败。

以某一机组为例，机组维持有功功率不变，在不同的初始无功功率下，进行 0.1% 的阶跃扰动，模拟 AVC 的一个增磁脉冲操作，分析在相同的扰动量下调差对机组输出无功功率变化量的影响，考虑三种不同的初始无功工况 0、100、200Mvar，BPA 仿真计算结果如表 5-9 所示，其中步长放大倍数表示 -10% 调差对应的机组输出无功变化量除以 0 调差对应的机组输出无功变化量。

表 5-9 调差对机组调节步长的影响

初始无功 \ 无功变化量	0 调差	-10% 调差	步长放大倍数
0 Mvar	3.8 Mvar	8.38 Mvar	2.21
100 Mvar	3.7 Mvar	8.26 Mvar	2.23
200 Mvar	3.67 Mvar	8.19 Mvar	2.23

从以上的计算结果可以得出以下初步结论：

(1) 采用负调差后，相同的阶跃量，无功变化量变大，-10% 调差系数，调节步长被放大 2.2 倍左右。

（2）机组不同的初始无功水平，调节步长被放大的倍数基本不变。

（3）如果 AVC 设定的调节步长较大，则采用负调差后，调节步长被放大，有可能超出 AVC 的调节死区（一般为 10Mvar），导致 AVC 调节失败。

如果 AVC 设定的单个脉冲对应的调节步长较大，例如，一个调节脉冲步长为 4.7Mvar，则采用负调差后，调节步长被放大 2.2 倍后为 10.34Mvar，超出 AVC 的调节死区 10Mvar，导致 AVC 无法调节到死区以内，调节无法结束，最终报错，调节失败。当然，也有厂家的 AVC 系统采用变脉冲调节方式，不存在以上问题。

5.4.4 调差整定的原则

根据前面的理论分析，参照现有的标准，总结梳理发电机组调差系数设定的限制条件，包含以下方面：

（1）标准《大型汽轮发电机励磁系统技术条件》（DL/T 843—2010）要求，主变压器高压侧并联的发电机-变压器组应采用补偿变压器电抗压降的措施，其电压调差率满足以下条件：当发电机无功电流由零增加到额定无功电流时，发电机电压变化不大于 5% 额定电压。因此，理论计算当发电机无功电流由 0 变化到额定无功电流时引起的发电机电压升高 5% 额定电压对应的电压调差率 X_{cmax3}，计算方法如下

$$X_{cmax3} = -\frac{5\%}{\sqrt{1 - \cos\varphi^2}}$$

因此，对于功率因数为 0.9 的机组，调差系数不小于 -11.5%；对于功率因数为 0.85 的机组，调差系数不小于 -9.5%；

（2）以南方电网为例，用 BPA 程序仿真计算电网发电机组负调差的极限值，扫描全网机组，计算结果如图 5-25 所示。

例如，对于铜鼓 A 厂 1 号机负荷 2% 阶跃时的仿真，当机组调

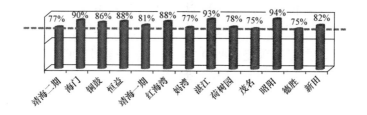

图 5-25　机组调差稳定上限（相对升压变压器漏抗）

差系数设置为−14％时，阶跃扰动下机组将不能维持稳定运行，仿真计算结果如图 5-26 所示。

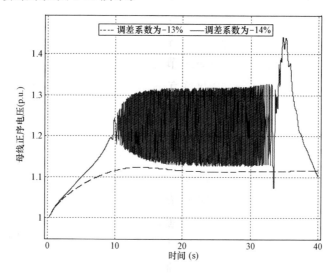

图 5-26　铜鼓 A 厂 1 号机负荷 2％阶跃，1 号机机端母线电压

因此，设定系数不小于−70％的主变压器短路电抗作为一项调差整定原则，即

$$X_{cmax2} = -70％的主变压器短路电抗$$

（3）一个发电单元的总调差不小于 6％作为一项调差整定原则，对应励磁系统负调差系数整定值不小于 − 主变压器电抗 +6％，即

$$X_{cmax1} = -主变压器电抗 + 6\%$$

（4）励磁系统负调差的整定的最大负调差，取以上三个较小的一个作为励磁系统调差的整定值。

5.4.5 调差优化的试验方法

1. 试验的组织

该试验需要电厂、试验单位、调度机构、励磁调节器厂家共同参与完成，各个单位的组织分工如下：

（1）试验单位负责试验的具体实施，包括方案和报告的编写、提供并操作测试仪器、进行具体测试等。现场试验之前，进行励磁调节器调差系数修改的仿真计算，确定调差系数修改后对机端电压、无功功率的影响是否可控，有条件的可在 RTDS 试验平台上对相同厂家、相同型号的励磁调节器进行详细的仿真计算。

（2）调度机构负责按照试验方案及进度进行调度，并用电网数据进行 BPA 仿真计算，计算试验机组调差系数修改后对电网安全稳定的影响。

（3）电厂负责按照试验方案进行配合，执行有关的运行、监视工作以及试验操作、整定值修改，提供测量点，按照试验要求将有关电气量接入测试设备，提供所需要的技术资料等条件，并做好有关运行设备的安全措施和事故预想。

（4）励磁调节器厂家负责按照试验方案配合临时修改励磁调节器的内部参数，满足试验要求，监视励磁调节器的运行，完成励磁调节器的有关操作。

2. 试验的前期准备

开展试验前应做好充分的试验准备工作，包括以下内容。

（1）所有 500kV 线路或 220kV 线路正常投入。

（2）电厂所有机组同时开出，试验机组的功率要求大于 90% 额定有功功率，无功功率为 0Mvar，非试验机组的功率听从调度安排。

（3）各机组均投入自动励磁调节器，并且工作在自动电压控制方式；调节器的两个通道处于一主一备状态。

（4）所有保护及自动装置均应该正常投入。

（5）试验的测量点包括：发电机 A、B、C 三相电压，A、B、C 三相电流，励磁电压 U_{fd} 等。

3. 现场试验内容

根据现场试验条件及试验机组的运行情况，开展以下的试验内容，具体试验内容及方法如下：

（1）试验前的工况调整。调整试验机组的有功功率大于 90％额定有功功率，无功功率为 0；非试验机组的无功功率大于 60Mvar 或者功率因数小于 0.995，非试验机组的有功功率听从调度的安排；试验开始前须要退出试验机组的一次调频、AGC、AVC、PSS。

（2）阶跃扰动试验。试验机组的 PSS 在退出状态，通过自动励磁调节器加入 ±1％的机端电压扰动量（先做正扰动，后做负扰动）。以 1％步长逐步增加扰动量，直到有功功率波动的峰-峰值达到 10％左右或振荡次数大于 5 次，则由此对应的电压扰动量 U％就成为后边的试验用值。

（3）调差系数调整试验。试验机组的 PSS 在退出状态，调整机组的调差系数从当前运行参数开始，逐步减小调差系数，步长为 1％，每减小一次调差系数，进行一次阶跃扰动试验，阶跃量选取阶跃扰动试验确定的阶跃量 U％，一直减小到按照调差整定原则要求的最大负调差 $\max\{X_{cmax1}, X_{cmax2}, X_{cmax3}\}$，或者试验机组出现较大无功波动为止，确定试验机组的最大负调差系数取值 $X_{cmax} = \max\{X_{cmax1}, X_{cmax2}, X_{cmax3}\}$。

试验过程中记录试验机组的机端电压、无功功率，观察试验机组是否能稳定运行，以及试验机组和非试验机组之间的无功分配，并对比不同调差系数在相同阶跃量 U％的情况下机组的无功功率情况。

以恒益电厂的试验为例，现场试验波形如图 5-27 和图 5-28 所示。图 5-27 为发电机无功功率在不同调差系数下的扰动试验结果，

图 5-28 为发电机有功功率在不同调差系数下的扰动试验波形，由图可见，发电机采用负调差后，随着负调差系数的绝对值增大，机组的无功功率大幅提升，但是，有功功率的波动曲线并无明显差别，验证了负调差对机组本机振荡模式下的阻尼影响不大的结论。

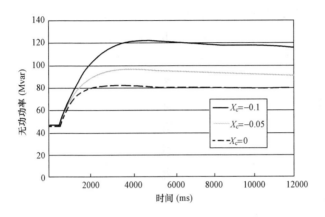

图 5-27　发电机无功功率在不同调差系数下的阶跃扰动曲线

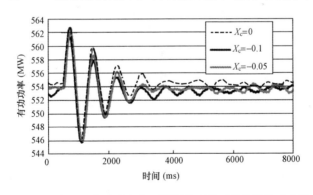

图 5-28　发电机有功功率在不同调差系数下的阶跃扰动曲线

（4）调差对 PSS 的影响试验。投入试验机组的 PSS，分别进行原始设定调差系数和调差系数调整试验确定的最大负调差系数 X_{cmax} 下的机组阶跃扰动试验，记录机组的机端电压、有功功率、无功功率等信号，并对比不同调差系数在相同阶跃量 $U\%$ 的情况下机组的有功功率波动曲线，研究调差系数对机组本机振荡模式及PSS阻尼的影响。

（5）调差对无补偿特性的影响试验。退出试验机组的PSS，调整试验机组的无功功率在0Mvar附近，用动态信号分析仪测量励磁系统的无补偿频率响应特性。测量接线如图5-29所示，在这里输入量为加入到励磁调节器综放环节输入端的电压相加点的随机噪声信号，输出量为机端电压。

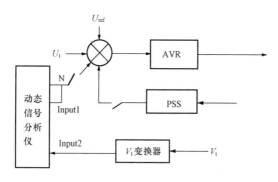

图 5-29　无补偿频率响应特性测量接线示意图

在端子排相应端子加入随机噪声电压信号，通过软件开关将外加信号加入到励磁调节器的电压相加点；随机噪声电压信号引起的发电机电压摆动一般应小于2%。试验时从零逐步增加随机噪声信号的电平至发电机无功功率及发电机机端电压有明显变化，测量励磁系统无补偿频率特性。

对比机组之前进行PSS试验时测量的无补偿特性，比较两次测量的无补偿特性偏差。根据本次试验无补偿特性的测试结果计算机组的有补偿特性，检验机组的PSS输出力矩矢量在0.2～2.0Hz范围内均满足导则的要求，如不满足要求，则进行PSS参数调整，使调整后的参数满足导则要求。

以恒益电厂的试验为例，现场实测结果如图5-30所示。

由图5-30可见，在励磁系统投入负调差后，正调差影响机组

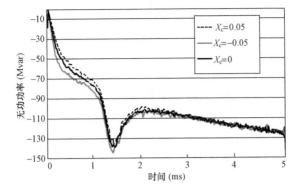

图 5-30 机组在不同调差系数下的无补偿特性曲线

无补偿特性超前，负调差影响机组无补偿特性滞后，图 5-30 中负调差对应的最大滞后角出现在 $0.3 \sim 0.5 \mathrm{Hz}$ 附近，对应电网的区间振荡模式。图 5-30 中高频段的无补偿特性曲线基本重合，说明调差对 PSS 在高频段的阻尼影响不大。

（6）调差对机组间的影响试验。试验前须要退出电厂所有机组的一次调频、AGC、AVC。

电厂所有机组的调差系数均整定为调差系数调整试验确定的最大负调差系数 $X_{c\max}$，电厂所有机组的 PSS 均投入，选择一台机组进行阶跃量 $U\%$ 的阶跃扰动试验，PMU 记录电厂内所有的机组有功功率、无功功率波动情况，没有 PMU 的电厂仅记录进行扰动试验的机组波形。

以恒益电厂试验结果为例，电厂内的两台机组均在最大负调差下，投入两台机组的 PSS，进行负荷阶跃扰动试验，现场试验 PMU 记录波形如图 5-31 和图 5-32 所示。图 5-31 为电厂两台发电机组无功功率分配的曲线，可见两台机组间无功分配均匀、运行稳定；图 5-32 为电厂两台有功功率扰动曲线，可见两台机组 PSS 功能正常，能提供有效正阻尼，未出现厂内机组间的功率振荡。

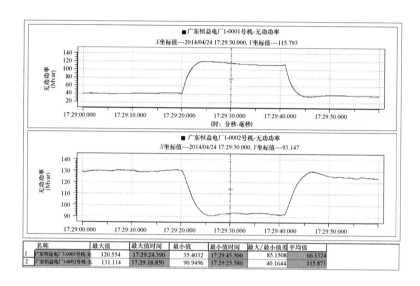

图 5-31　全厂最大负调差下的无功功率扰动试验曲线

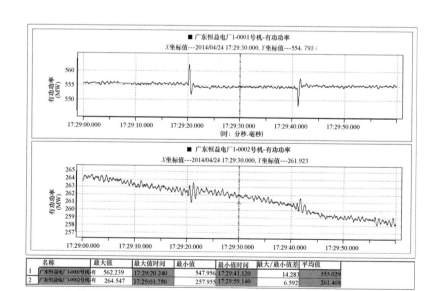

图 5-32　全厂最大负调差下的无功功率扰动试验曲线

附录　现场整定作业指导书

为更好地在电厂开展调差系数整定工作，规范电厂操作，特制订调差系数现场整定作业指导书。

1. 调差整定前的电厂自查工作

(1) 认真核查本厂机组的《励磁系统参数实测及建模报告》，确认本厂机组的调差极性定义是否和国内标准一致，若调差极性正确，则调差系数按照调度下发的定值 X_c 执行；若调差极性相反，则调差系数按照调度下发的定值取反值 $-X_c$ 执行。应确保调差系数的整定效果与调度要求一致。

(2) 认真核查本厂机组的《励磁系统参数实测及建模报告》，确认本厂机组的调差系数的标幺值定义是否和标准一致，是否存在转换关系（即是否存在一个放大倍数）。重点关注报告中的调差系数实测值和设定值是否一致，若调差系数的实测值和设定值一致，则调差系数按照调度下发的定值 X_c 执行；若调差系数的实测值和设定值不一致，存在放大倍数 K，则调差系数按照调度下发的定值除以 K 后的值 X_c/K 执行。

(3) 现场核查工作，如有必要，请联系励磁厂家到场确认并核实。

2. 调差系数的整定

(1) 现场修改调差系数前向调度申请退出本厂的 AVC，并向调度申请修改本厂机组的调差系数。

(2) 调整试验机组的无功功率在滞相状态，且无功功率不超过 $50\%Q_N$。

(3) 调差极性的现场实用确定方法：机组的励磁系统在恒电压方式，发电机在滞相状态（发出无功），首先设定机组的调差系数为 0，记录此时的机端电压为 U_{t1}；然后修改调差系数为 -1%，记录此时的机端电压为 U_{t2}。若 U_{t2} 大于 U_{t1}，则调差极性正确；若 U_{t2} 小于 U_{t1}，则调差极性反相。

（4）现场修改调差系数在励磁调节器的运行通道直接修改，修改步长为 1%，逐步修改到本厂机组的调差定值。备用通道的调差系数可直接修改，不用切换通道，修改步长为 1%，逐步修改到定值。

（5）现场修改调差系数必须指定专人负责监视，防止输入错误数据，一旦发现机组有异常，立即把调差系数修改为 0。

（6）逐步完成本厂所有机组的调差系数修改。

（7）依次投入本厂 AVC 下位机的压板，通过试验验证调差修改后对 AVC 调节步长的影响。确认 AVC 单个增、减磁脉冲产生的无功、电压调节步长，并比较是否超出 AVC 控制死区。若接近或超出死区，应通过试验确定合理的 AVC 增、减磁脉冲宽度，现场由 AVC 厂家做好定值修改，由电厂形成修改完成后的 AVC 定值单，并完成定值单电厂审批页，发至调度。

固化本厂所有机组的励磁调节器主套、从套的参数表，并向调度汇报试验结束，恢复本厂的 AVC。

3. 调差整定结束

调差系数整定完成后，报相应调度机构备案。

参 考 文 献

［1］ 陆继明，毛承雄，范澍，等. 同步发电机微机励磁控制. 北京：中国电力出版社，2005.

［2］ 何仰赞，温增银. 电力系统分析. 3 版. 武汉：华中科技大学出版社，2002.

［3］ 竺士章. 发电机励磁系统试验. 北京：中国电力出版社，2005.

［4］ 刘取. 电力系统稳定性及发电机励磁控制. 北京：中国电力出版社，2007.

［5］ 周双喜，朱凌志，郭锡玖，等. 电力系统电压稳定性及其控制. 北京：中国电力出版社，2003.

［6］ 肖湘宁，郭春林，高本锋，等. 电力系统次同步振荡及其抑制方法. 北京：机械工业出版社，2014.